続・入試数学　伝説の良問100

良問と解法で高校数学の極意をつかむ

安田 亨　著

ブルーバックス

カバー装幀──五十嵐 徹（芦澤泰偉事務所）

本文デザイン・DTP──脇田明日香

は じ め に

『入試数学　伝説の良問100』(以下旧版と略す) という素敵な書名の書籍の執筆依頼を受けたのは2002年の夏である．以来，20年以上にわたって発行された．この書名はブルーバックス編集部で決めたものである．その後，他社から依頼されるとき，この二番煎じの書名を指定され，真似っこはやめようと，説得に苦労した．書籍の命は書名と企画力が9割と分かる．受験生，大人の一般読者だけでなく，出題者の方も参考にされているらしい．旧版から題材を取ったと思われる出題も多くあり，ベクトルの基底の変更などは，近年の私立医科大学でも繰り返し出題された．このたび，改訂しましょうというお話をいただき，その場合，旧版が消えてしまうので，2冊目はいかがでしょうかと，提案した．

　旧版以後に出題された問題から探した．「良い問題で良い解法を」というコンセプトは変えていない．私は，その年に出題された入試問題のほとんどに目を通している．近年の大学入試問題は，小問が多く，長い．収録にあたり，設問を削り，問題文を変更した．特に空欄の形状は変えてある．また，元の意図を優先し大きく変更した問題もある．出典は出題時の略称であり，略し方に統一性はない．私の周りの多くは老人になり，本が読みにくいという人も多い．そこでごくわずかではあるが，文字を大きくした．

【読者が受験生の場合：勉強の仕方について】

　性格と能力に応じて勉強の仕方は違う．私は，高校1年のとき，成績が低迷していた．中学のときに大好きだった数学すら，平均点がやっと，英語と国語は平均点の半分であった．高校2年の4月，私は受験雑誌『大学への数学』の増刊号に出会い，学年3番だった横君に勉強の仕方を教えてもらい，猛勉強を開始した．高校1年のときに成績が伸びなかったのは，持っていた参考書類と相性が悪かったからに過ぎない．あの本の扉は，大変楽しい世界に通じていた．1ヵ月の勉強で数学は学年で1番になり，総合でも16番になった．苦手な英語は中学の教科書を暗唱することから始めた．基礎力がある人は鉛筆を持って，まず，考えてほしい．基礎力がない人は，問題と解答を読んで「何をする問題か」を理解し，計算を追いかけてほしい．理解したと思ったら，解答を隠して再現する．縁があって本書を手に取った受験生，あなたは，本書を消化する力があるはずだ．

　問題の選択と校正をしていただいた荻原洋介先生（東京学芸大学附属高校教諭），中邨雪代先生に感謝いたします．級友の横尾和久君（愛知医科大学名誉教授），川邊隆夫氏（前東京大学医学部助教授）はじめ，導いてくれた友人，諸先生，両親に感謝いたします．また，ブルーバックス編集部の方々，読者の皆様，ありがとうございます．

【目次】

はじめに …………………………………… 3

問題編

数と式 …………………………………… 8
整数 ……………………………………… 13
場合の数・確率 ………………………… 16
数列 ……………………………………… 24
平面図形 ………………………………… 29
座標 ……………………………………… 33
集合と論証 ……………………………… 36
ベクトル ………………………………… 41
複素数 …………………………………… 44
立体図形 ………………………………… 47
微分積分 ………………………………… 50
2次曲線 ………………………………… 56
その他 …………………………………… 57

解答編

数と式 …………………………………… 60
整数 ……………………………………… 105
場合の数・確率 ………………………… 120
数列 ……………………………………… 171
平面図形 ………………………………… 194
座標 ……………………………………… 216
集合と論証 ……………………………… 230
ベクトル ………………………………… 251
複素数 …………………………………… 273
立体図形 ………………………………… 292
微分積分 ………………………………… 310
2次曲線 ………………………………… 354
その他 …………………………………… 358

問題の出典は、出題当時の大学名・学部名等の略称で示しています。

問題編

数と式

《ルートの近似値》

1. $\sqrt{13}$ を 10 進法の小数で表したとき小数第 3 位の数字は□, 小数第 4 位の数字は□である. ただし, 必要であれば $(3.606)^2 = 13.003236$ であることを用いてよい.

(24 慶應大・商)

《分母の有理化》

2. 次の式の分母を有理化し, 分母に 3 乗根の記号が含まれない式として表せ.

$$\frac{55}{2\sqrt[3]{9} + \sqrt[3]{3} + 5}$$

(23 京大・文系)

《1次関数》

3. 関数
$$f(x) = |x+2| + \bigl||x-1| - 2\bigr| + |x-3|$$
を考える. $x < -2$ のとき $f(x) = -\square x$ であり, $-2 \leqq x < -1$ のとき $f(x) = -\square x + \square$ である. また, a を正の実数の定数とし, 区間 $0 \leqq x \leqq a$ における $f(x)$ の最大値を与える x の個数がちょうど 2 個であるとき, $a = \square$ であり, そのときの $f(x)$ の最大値は□である.

(24 中京大)

《1次関数》

4. 7つのマッチ箱が円にそって並べてある．はじめの箱には24本のマッチ棒が入っており，2番目には15本，以下，17本，13本，28本，14本，29本のマッチ棒が入っている．マッチ棒は隣り合う箱にしか移せないとする．移動させるマッチの総本数を輸送量とよぶことにする．下の図は，箱に入っているマッチの本数がすべて同じになるようなマッチの移し方のひとつであり，輸送量は $13+8+5+2+6+0+9=43$ 本である．他にも様々な移し方とそのときの輸送量が考えられる．すべての箱に入っているマッチの本数が同じ（すなわち各々20本ずつ）になるようにマッチを移すときの輸送量の最小値を求めなさい． (19 産業医大)

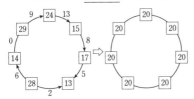

《候補を挙げる》

5. a を定数として，2次関数 $f(x) = x^2 - ax + a + 3$ がある．関数 $f(x)$ の $\dfrac{1}{2} \leqq x \leqq 2$ における最大値を M，最小値を m とする．$M = 2m$ となるような a の値は □，□ である． (24 同志社女子大)

《予選決勝法》

6. a を実数とする．関数
$$f(x) = x^2 - a|x-2| + \frac{a^2}{4}$$
の最小値を a で表せ．

(10 千葉大・理，工，教育，文，法経，園芸)

《2変数関数》

7. 実数 x, y が $|2x+y| + |2x-y| = 4$ をみたすとき，$2x^2 + xy - y^2$ のとり得る値の範囲は
$\boxed{} \leqq 2x^2 + xy - y^2 \leqq \boxed{}$ である．(18 東京慈恵医大)

《条件式は cyclic》

8. 実数 $x \geqq 0, y \geqq 0, z \geqq 0$ に対して
$$x + y^2 = y + z^2 = z + x^2$$
が成り立つとする．このとき $x = y = z$ であることを証明せよ．

(18 札幌医大)

《曲線の交点》

9. 定数 a は実数であるとする．
関数 $y = |x^2 - 2|$ と $y = |2x^2 + ax - 1|$ のグラフの共有点はいくつあるか．a の値によって分類せよ．

(08 京大・理系・乙)

《多項式の決定》

10. $P(0) = 1$, $P(x+1) - P(x) = 2x$ を満たす整式 $P(x)$ を求めよ．

(17 一橋大)

《ガウス記号の問題》

11. $[x]$ は x を超えない最大の整数を表すものとする．連立方程式
$$\begin{cases} 2[x]^2 - [y] = x + y \\ [x] - [y] = 2x - y \end{cases}$$
を満たす実数 x, y について，以下の問いに答えよ．

（1） $3x, 3y$ はそれぞれ整数であることを示せ．

（2） x, y の組をすべて求めよ．

(23 早稲田大・人間科学・数学選抜)

《切符の買い方》

12. 100人の団体がある区間を列車で移動する．このとき，乗車券が7枚入った480円のセットAと，乗車券が3枚入った220円のセットBを購入して，利用することにした．購入した乗車券は余ってもよいものとする．このとき，Aのみ，あるいはBのみを購入する場合も含めて，購入金額が最も低くなるのは，A，Bをそれぞれ何セットずつ購入するときか．またそのときの購入金額はいくらか．

(12 九大・文系)

《連立不等式を解く》

13. a を実数として，次の連立不等式を解け．
$$\begin{cases} x^2 - (a+2)x + 2a \leq 0 \\ ax^2 - (a+1)x + 1 \leq 0 \end{cases}$$

(15 奈良教育大)

《困難は分割せよ》

14. 実数 a, b は $0 < a < b$ を満たし,x, y, z はいずれも a 以上かつ b 以下であるとする.このとき次を示せ.

（1） $x + y = a + b$ ならば,$xy \geq ab$ である.

（2） $x + y + z = a + 2b$ ならば,$xyz \geq ab^2$ である.

(08 千葉大・医)

《不等式証明》

15. 次の問いに答えよ.

（1） 不等式
$$a^2 + b^2 + c^2 - ab - bc - ca \geq 0$$
が成り立つことを示せ.また,等号が成り立つのはどのようなときか.ただし,a, b, c は実数とする.

（2） 不等式 $\dfrac{a^5 - a^2}{a^4 + b + c} \geq \dfrac{a^3 - 1}{a(a + b + c)}$
が成り立つことを示せ.また,等号が成り立つのはどのようなときか.ただし,a, b, c は正の実数とする.

（3） 不等式
$$\dfrac{a^5 - a^2}{a^4 + b + c} + \dfrac{b^5 - b^2}{b^4 + c + a} + \dfrac{c^5 - c^2}{c^4 + a + b} \geq 0$$
が成り立つことを示せ.また,等号が成り立つのはどのようなときか.ただし,a, b, c は $abc \geq 1$ を満たす正の実数とする.

(20 富山大・医,薬,理,工,都市デザイン)

整数

《素因数の振り分け》

16. 以下，a, b は自然数とし，a, b の最小公倍数を L とする．たとえば，a, b を素因数分解し，$a = 2^3 \cdot 3 \cdot 5, b = 2^2 \cdot 3^2 \cdot 7$ のとき，a, b の最大公約数は $2^2 \cdot 3$ で，a, b は両方ともこれを公約数にもつ．これを図 1 の ◯ におき，それ以外に a がもつ $2 \cdot 5$ を ◖ におき，b がもつ $3 \cdot 7$ を ◗ におくと考える．すると，$a = (2 \cdot 5) \cdot (2^2 \cdot 3), b = (2^2 \cdot 3) \cdot (3 \cdot 7)$ で，$L = (2 \cdot 5) \cdot (2^2 \cdot 3) \cdot (3 \cdot 7)$ が成り立つ．$a = 2, b = 6$ のときは図 2 のように考え，◖ には入るべき素因数がないから，そこには 1 を記入することにする．必要があれば，この考え方をヒントにして，次の問いに答えよ．

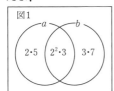
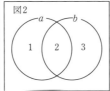

（1） 2310 を素因数分解すると □ となる．

次に，$L = 2310$ になるような a, b について (a, b) は □ 通りある．ただし，たとえば $(a, b) = (1, 2310)$ と $(a, b) = (2310, 1)$ は異なる組であると考える．この区別は以下の設問でも適用する．

（2） x, y, z は 0 以上の整数で，$x+y+z=4$ を満たすとき，(x, y, z) は □ 通りある．ただし，たとえば $(x, y, z) = (4, 0, 0), (0, 0, 4)$ は異なる組である．

（3） $L = 1680$ になるような a, b について (a, b) は □ 通りある． (25 久留米大・推薦)

《範囲を絞れ》

17. k は整数であり，3 次方程式 $x^3 - 13x + k = 0$ は 3 つの異なる整数解をもつ．k とこれらの整数解を求めよ． (05 一橋大)

《放物型の不定方程式》

18. n を 2 以上 20 以下の整数，k を 1 以上 $n-1$ 以下の整数とする．$_{n+2}C_{k+1} = 2(_nC_{k-1} + {}_nC_{k+1})$ が成り立つような整数の組 (n, k) を求めよ．

(23 一橋大)

《らくだの問題》

19. P氏は N 頭のらくだを3人の息子で分けるように遺言して亡くなった．その遺言によれば N の x 分の1, y 分の1, z 分の1（x, y, z は自然数で $x > y > z$ とする）が息子達の相続するらくだの数である．ただし，N は x, y, z のいずれの倍数でもない．$\frac{1}{x} + \frac{1}{y} + \frac{1}{z} = 1$ でないので3人が悩んでいると，通りがかりの旅人がよい工夫を思いついた．旅人のらくだを1頭加え $N+1$ を遺言の率に従って分割すれば，うまく分割でき，1頭余る．したがって旅人はなんの損得もうけないという案である．3人は喜んでこの提案を受け入れた．たとえば $N = 11, (x, y, z) = (6, 4, 2)$ はこの場合である．さて，ほかにどのような N の値があり得るか．12以上の N を小さい順に並べると $N = \boxed{}, \boxed{}, \boxed{}, \boxed{}$ である．

(05 慶應大・総合政策)

《最大公約数の問題》

20. 3つの正の整数 a, b, c の最大公約数が1であるとき，次の問いに答えよ．

（1） $a+b+c, bc+ca+ab, abc$ の最大公約数は1であることを示せ．

（2） $a+b+c, a^2+b^2+c^2, a^3+b^3+c^3$ の最大公約数となるような正の整数をすべて求めよ．

(22 東工大)

場合の数・確率

《立方体の塗り分け・場合の数》

21. 立方体の6つの面を，辺をはさんで隣接する面が違う色になるように塗り分ける方法が何通りあるかを考える．但し，立方体を回転して同じになるものは1通りと考える．次の問いに答えなさい．

(1) ちょうど6色を使って塗り分ける場合，方法は□通り存在する．

(2) ちょうど5色を使って塗り分ける場合，方法は□通り存在する．

(3) ちょうど4色を使って塗り分ける場合，方法は□通り存在する．

(4) ちょうど3色を使って塗り分ける場合，方法は□通り存在する．

(5) 7色のうち，どの色を何色でも使って塗り分けてもよい場合，方法は□通り存在する．

(24　大阪学院大)

《ソーシャルディスタンス》

22. ある飲食店には横一列に並んだカウンター席が10席あるが,客は互いに2席以上空けて座らなければならない.
(1) 同時に座ることのできる最大の客数を求めなさい.
(2) 客が2名のとき,席の空き方は何通りあるか.
(3) 客が1名以上のとき,席の空き方は全部で何通りあるか. (21 龍谷大・先端理工・推薦)

《抽象化する》

23. 座標平面上に8本の直線
$x = a\ (a = 1, 2, 3, 4),\ y = b\ (b = 1, 2, 3, 4)$
がある.以下,16個の点
　　$(a, b)\ (a = 1, 2, 3, 4,\ \ b = 1, 2, 3, 4)$
から異なる5個の点を選ぶことを考える.
(1) 次の条件を満たす5個の点の選び方は何通りあるか.上の8本の直線のうち,選んだ点を1個も含まないものがちょうど2本ある.
(2) 次の条件を満たす5個の点の選び方は何通りあるか.上の8本の直線は,いずれも選んだ点を少なくとも1個含む. (20 東大・文科)

《三角形の個数を数える》

24. n は3以上の整数とし,円周を n 等分する点を A_1, A_2, $\cdots$, A_n とする.これらの点の中から異なる3点を選び,それらを結んで作られる三角形を考える.3点の選び方は全部で□通りある.また,このような三角形の中で,n が偶数のとき,直角三角形となる点の選び方は□通りあり,鈍角三角形となる点の選び方は□通りある.さらに,n が奇数のとき,鈍角三角形となる点の選び方は□通りあり,鋭角三角形となる点の選び方は□通りある. (17 同志社大・文系)

《かぶっちゃや～YO !》

25. おいしそうな料理が3品ある.5人がそれぞれ他の人にわからないように,どれかの一品を等確率で選び,他の人と違う料理を選んだ人だけがそれを食べることができる.

(1) 5人のうちの1人は太郎君である.太郎君が料理を食べることができる確率を求めよ.

(2) 料理を食べることができる人数が0, 1, 2である確率を p_0, p_1, p_2 とする.p_0, p_1, p_2 を求めよ.また料理を食べることができる人数の期待値を求めよ. (07 松山大・薬)

《恋結び》

26． 赤色のひもが1本，青色のひもが1本，白色のひもが3本，全部で5本のひもがある．これらのひもの端を無作為に2つ選んで結び，まだ結ばれていない端からさらに無作為に2つ選んで結ぶ操作を行い，すべての端が結ばれるまで繰り返す．その結果，ひもの輪が1つ以上できる．次の問いに答えよ．

（1） 赤色と青色のひもが同一のひもの輪にある確率を求めよ．

（2） ひもの輪が1つだけできる確率を求めよ．

(17 藤田保健衛生大・推薦)

《どこから連続が始まるか》

27． 選手Aが2人の選手B，Cと交互に対戦する．AがBに勝つ確率を p，AがCに勝つ確率を q とする．$p > q > 0$ のとき次の問に答えよ．

（1） Aが5回対戦して3回以上続けて勝つ確率はB，Cどちらと先に対戦を始めた方が大きくなるかを判定せよ．

（2） Aが5回対戦する間に少なくとも1度，2回以上続けて勝つ確率はB，Cどちらと先に対戦を始めた方が大きくなるかを判定せよ．

(04 名古屋市大・医)

《組合せか順列か》

28. 1の数字が書かれたカードが1枚，2の数字が書かれたカードが2枚，3の数字が書かれたカードが3枚，4の数字が書かれたカードが4枚の合計10枚のカードがある．カードをよく混ぜて，1枚ずつ3枚のカードを取り出し，取り出した順に左から並べて3桁の整数 N をつくる．このとき，N が3の倍数である確率は□，6の倍数である確率は□である．

(18 東京慈恵医大)

《包除原理》

29. 箱に A と書かれたカード，B と書かれたカード，C と書かれたカードがそれぞれ4枚ずつ入っている．男性6人，女性6人が箱の中から1枚ずつカードを引く（引いたカードは戻さない）．

（1） A と書かれたカードを4枚とも男性が引く確率は□となる．

（2） A，B，C と書かれたカードのうち，少なくとも一種類のカードを4枚とも男性または女性が引く確率は□となる．

(09 横浜市大・医)

《題意の言い換え》

30. 1から6までの数字がそれぞれ1面ずつに書かれたさいころがある．このさいころを1回投げるごとに，出た面をその数字に1を加えた数字に書きかえるものとする．例えば，6が出たときはその面を7に書きかえる．このさいころを3回続けて投げたとき，以下の問いに答えよ．

(1) 書かれている数字が6種類である確率は□である．

(2) 同じ数字が3か所に書かれている確率は□である．

(3) 書かれている数字が3種類である確率は□である．

(4) 2が少なくとも1か所に書かれている確率は□である． (23 金沢医大・医・前期)

《同時交換でない漸化式》

31. 玉が2個ずつ入った2つの袋 A, B があるとき，袋 B から玉を1個取り出して袋 A に入れ，次に袋 A から玉を1個取り出して袋 B に入れる，という操作を1回の操作と数えることにする．A に赤玉が2個，B に白玉が2個入った状態から始め，この操作を n 回繰り返した後に袋 B に入っている赤玉の個数が k 個である確率を $P_n(k)$ $(n=1, 2, 3, \cdots)$ とする．このとき，次の問に答えよ．

(1) $k=0, 1, 2$ に対する $P_1(k)$ を求めよ．

(2) $k=0, 1, 2$ に対する $P_n(k)$ を求めよ．

(16 名大・理系)

《伝言ゲーム》

32. 白玉が2個，赤玉が3個入っている袋がある．Aさんは袋から玉を1つ無作為に取り出し，$\frac{5}{6}$ の確率で取り出した玉の色をBさんに伝え，$\frac{1}{6}$ の確率で逆の色を伝える．また，Bさんは $\frac{5}{6}$ の確率でAさんから伝えられた色をCさんに伝え，$\frac{1}{6}$ の確率で逆の色を伝える．ただし，白の逆の色は赤であり，赤の逆の色は白を意味する．

（1） Bさんに白と伝わったときに，Aさんが取り出した玉が白である確率を求めよ．

（2） Cさんに白と伝わったときに，Aさんが取り出した玉が白である確率を求めよ．　(20　学習院大・経)

《2つの箱にカードを振り分ける》

33. 1から5までの5枚の番号札がある．その5枚を次のようにA，Bの2つの箱に分ける：1は箱A，2は箱B，残りの番号札はそれぞれ硬貨投げを行って，表なら箱A，裏なら箱Bに入れる．次に，番号札をそれぞれよくかき混ぜ，2つの箱から1枚ずつ札を取り出す．

（1） 1が取り出される確率を求めよ．

（2） 1が取り出されたとき，2が取り出される条件つき確率を求めよ．　　　(15　大阪医大・医・後)

《フィーリングカップル3対3》

34. あるイベント会場に司会者のSさん，チームaのA，B，Cチームdの D，E，Fの合計7人がいる．チームaの3人とチームdの3人は面識はない．A，B，Cの各人はD，E，Fの誰か一人を無作為に等確率で選ぶ．D，E，Fの各人はA，B，Cの誰か一人を無作為に等確率で選ぶ．お互いが指定した者同士がいれば，『新たな友達』になる．たとえばAさんがDさんを指定し，DさんがAさんを指定すればAさんとDさんは『新たな友達』になる．ただし，誰が誰を指定したかはSさんの前にあるパネルに瞬時に表示され，Sさんだけに分かるとする．Sさんの発言は常に正しいとする．

(1) 『新たな友達』が3組できる確率は $\boxed{}$ ，『新たな友達』が2組できる確率は $\boxed{}$ である．

(2) Sさんが言った．「Aさん，ある人と『新たな友達』になりましたよ．」このとき，Bさんが誰かと『新たな友達』になる条件付き確率は $\boxed{}$ である．

(3) Sさんが言った．「Aさん，ある人と『新たな友達』になりましたよ．Dさん，ある人と『新たな友達』になりましたよ．」このとき，AさんとDさんが『新たな友達』である条件付き確率は $\boxed{}$ である．

(25 久留米大・推薦)

数列

《数を並べたもの》

35. $n \geq 4$ とする。$(n-4)$ 個の 1 と 4 個の -1 からなる数列 a_k $(k=1, 2, \cdots, n)$ を考える。

（1） このような数列 $\{a_k\}$ は何通りあるか。

（2） 数列 $\{a_k\}$ の初項から第 k 項までの積を
$b_k = a_1 a_2 \cdots a_k$ $(k=1, 2, \cdots, n)$ とおく。
$b_1 + b_2 + \cdots + b_n$ がとり得る値の最大値および最小値を求めよ。

（3） $b_1 + b_2 + \cdots + b_n$ の最大値および最小値を与える数列 $\{a_k\}$ はそれぞれ何通りあるか求めよ。

(12 熊本大・医)

《集合の一致》

36. n を $n \geq 3$ である自然数とする。相異なる n 個の正の数を小さい順に並べた集合
$$S = \{a_1, a_2, \cdots, a_n\}$$
を考える。$a_1 = r$ とするとき、次の問に答えよ。

（1） $a_i - a_1$ $(i=2, 3, \cdots, n)$ がすべて S の要素となるとき、a_k $(1 \leq k \leq n)$ を k, r の式で表せ。

（2） $r \neq 1$ とする。$\dfrac{a_i}{a_1}$ $(i=2, 3, \cdots, n)$ がすべて S の要素となるとき、a_k $(1 \leq k \leq n)$ を k, r の式で表せ。

(24 早稲田大・社会)

《最高位の数》

37. 2^{555} は十進法で表すと 168 桁の数で,その最高位(先頭)の数字は 1 である.集合
$$\{2^n \mid n \text{ は整数で } 1 \leqq n \leqq 555\}$$
の中に,十進法で表したとき最高位の数字が 4 となるものは全部で□個ある. (06 早稲田大・教育)

《鹿野健問題》

38. 数列 $\{a_n\}$ は次の条件を満たしている.
$$a_1 = 3,$$
$$a_n = \frac{S_n}{n} + (n-1) \cdot 2^n \quad (n = 2, 3, 4, \cdots)$$
ただし,$S_n = a_1 + a_2 + \cdots + a_n$ である.このとき,数列 $\{a_n\}$ の一般項を求めよ. (23 京大・文系)

《変数を集めよ》

39. n を自然数とする.

(1) $\left(1 + \dfrac{2}{n}\right)^n \geqq 3$

が成り立つことを証明せよ.

(2) 不等式
$$(n+1)^{n-1}(n+2)^n \geqq 3^n (n!)^2$$
が成り立つことを数学的帰納法により証明せよ.

(11 学習院大・経)

《数を置き換える》

40. $n+1$ 個の数の組 $1, 2, 4, \cdots, 2^n$ に対して，次の操作を考える．2つの異なる数 x, y を取り除き，代わりに $|x-y|$ を加える．次の例のように，この操作を繰り返すと最後に1つの数を得ることができる．

「1, 2, 4, 8, 16」$\Longrightarrow$「1, 4, 6, 16」
(2, 8 を取り除き 6 を加えた)
$\Longrightarrow$「1, 4, 10」(6, 16 を取り除き 10 を加えた)
$\Longrightarrow$「3, 10」(1, 4 を取り除き 3 を加えた)
$\Longrightarrow$「7」(3, 10 を取り除き 7 を加えた)

このとき，数の組 1, 2, 4, 8, 16 から 7 が生成されるということにする．次の問いに答えよ．

（1） 数の組が 1, 2, 4 のとき，生成される数をすべて求めよ．

（2） 数の組が 1, 2, 4, 8 のとき，生成される数をすべて求めよ．

（3） 数の組が 1, 2, 4, 8, 16, 32, 64, 128 のとき，127 を生成する操作の手順を 1 つ答えよ．

（4） 数の組が $1, 2, 4, \cdots, 2^n$ のとき，生成される数が $1, 3, 5, \cdots, 2^n-1$ であることを数学的帰納法を用いて証明せよ．

(05 大阪工大)

《帰納法と背理法》

41. 正の整数 a と b が互いに素であるとき,正の整数からなる数列 $\{x_n\}$ を
$$x_1 = x_2 = 1,\ x_{n+1} = ax_n + bx_{n-1}\ (n \geq 2)$$
で定める.このとき,すべての正の整数 n に対して x_{n+1} と x_n が互いに素であることを証明せよ.

(04 名大・理系)

《素数と帰納法》

42. 素数を小さい順に並べて得られる数列を $p_1,\ p_2,\ \cdots,\ p_n,\ \cdots$ とする.
(1) p_{15} の値を求めよ.
(2) $n \geq 12$ のとき,不等式 $p_n > 3n$ が成り立つことを示せ.

(24 阪大・文系)

《フィボナッチ数と帰納法》

43. 次の条件によって定められる数列 $\{a_n\}$ がある.
$$a_1 = 1,\ a_2 = 1,$$
$$a_{n+2} = a_{n+1} + a_n\ (n = 1,\ 2,\ 3,\ \cdots)$$
2 以上の自然数 m は,数列 $\{a_n\}$ の互いに異なる 2 個以上の項の和で表されることを,数学的帰納法によって示せ.

(17 九大・工・後)

《群数列の逆》

44. 自然数 m, n に対して $f(m, n)$ を
$$f(m, n) = \frac{1}{2}\{(m+n-1)^2 + (m-n+1)\}$$
で定める．以下の問いに答えよ．

（1） $f(m, n) = 100$ をみたす m, n を1組求めよ．

（2） 任意の自然数 k に対し，$f(m, n) = k$ をみたす m, n がただ1組存在することを示せ．

(08　早稲田大・理工)

平面図形

《紙を折る》

45. $P(x, y)$ を4点

$O(0, 0)$, $A(1, 0)$, $B(1, 1)$, $C(0, 1)$

で作られる正方形の内部または境界上の点，Qは線分OA上の点，Rは線分OC上の点とする．このとき，
条件 $PQ = OQ$, $PR = OR$
をみたす点P全体がつくる図形の面積は
$\dfrac{\pi}{\square} + \square$ である．

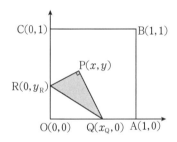

(09　慶應大・環境情報)

《どこを見るか》

46. 平面上に正方形 ABCD がある．点 P が辺 BC 上にあり，線分 AP を直径とする円が辺 CD に接するものとする．このとき，$\cos\angle\mathrm{DAP} = \boxed{}$ であり，また $\sin\angle\mathrm{APD} = \boxed{}$ である．

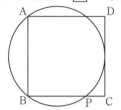

(24 明治大)

《存在を示す》

47. 任意の三角形 ABC に対して次の主張（★）が成り立つことを証明せよ．

（★） 辺 AB，BC，CA 上にそれぞれ点 P，Q，R を適当にとると三角形 PQR は正三角形となる．ただし P，Q，R はいずれも A，B，C とは異なる，とする．

(23 京大・総人・特色)

《実物を作れ》

48. 三角形 ABC の辺 BC の中点を M，角 A の二等分線と BC の交点を D とする．辺 AB，AC，AM，AD の長さを順に c, b, x, y とする．

（1） $b+c > 2x$ であることを示せ．

（2） $b+c > 2y$ であることを示せ．

(11 佐賀大)

《実物を作れ》

49. 三角形 ABC の 3 辺の長さをそれぞれ
$$BC = a, CA = b, AB = c$$
とする．このとき
$$a^2 = b(b+c), C = 60°$$
が成立するなら，角度 A の値は □ である．

(12　兵庫医大)

《図形は完成させて扱う》

50. 正六角形 ABCDEF の内部に点 P があり，△ABP, △CDP, △EFP の面積がそれぞれ 8, 10, 13 であるとき，△FAP の面積を求めよ．

(21　早稲田大・人間科学・数学選抜)

《図形は完成させて扱う》

51. 正三角形 ABC は，1 辺の長さが 1 である正六角形の辺上に 3 頂点をもつとする．
（1） このような正三角形 ABC の 1 辺の長さ AB の最大値と最小値を求めよ．
（2） 頂点 A が正六角形の 1 辺を 1：2 に内分しているとき AB^2 を求めよ．　(08　千葉大・教, 理, 工)

《辺と角の不等式》

52. n を 2 以上の自然数とする．三角形 ABC において，辺 AB の長さを c，辺 CA の長さを b で表す，$\angle ACB = n \angle ABC$ であるとき，$c < nb$ を示せ．

(20　阪大・理系)

《回転移動で長さを集める》

53. 正三角形 ABC の内部に点 P があり，
$$PA = 5,\ PB = 6,\ PC = 7$$
であるとする．ただし左まわりに A，B，C の順であるとする．

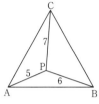
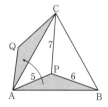

(1) A を中心として P を左まわりに 60 度回転した点を Q とし，∠PQC $= \theta$ とする．$\cos\theta$ を求めよ．

(2) 正三角形 ABC の面積を求めよ．

(08 松山大・薬)

座標

《ポンスレの閉形問題》

54. O を原点とする座標平面上に

放物線 $C_1 : y = x^2$,

円 $C_2 : x^2 + (y-a)^2 = 1$ $(a \geqq 0)$

がある.C_2 の点 $(0, a+1)$ における接線と C_1 が 2 点 A, B で交わり,$\triangle$OAB が C_2 に外接しているとする.次の問に答えよ.

(1) a を求めよ.

(2) 点 (s, t) を $(-1, a), (1, a), (0, a-1)$ と異なる C_2 上の点とする.そして点 (s, t) における C_2 の接線と C_1 との 2 つの交点を $P(\alpha, \alpha^2)$, $Q(\beta, \beta^2)$ とする.このとき,

$(\alpha - \beta)^2 - \alpha^2 \beta^2$ は s, t によらない定数であることを示せ.

(3) (2) において点 $P(\alpha, \alpha^2)$ から C_2 への 2 つの接線が再び C_1 と交わる点を $Q(\beta, \beta^2)$,

$R(\gamma, \gamma^2)$ とする.$\beta + \gamma$ および $\beta\gamma$ を α を用いて表せ.

(4) (3) の Q, R に対し,直線 QR は C_2 と接することを示せ.

(14 早稲田大・先進理工)

《回転移動》

55. 座標平面上に円
$$C: x^2 + y^2 - 22x - 4y + 100 = 0$$
があり,円 C の中心を P,半径を R とする.また,原点 O から円 C に 2 本の接線を引き,その接点を A, B とする.ただし,直線 OA の傾きは正,直線 OB の傾きは負である.

（1） 中心 P の座標と R の値は,
P($\boxed{}$, $\boxed{}$),$R = \boxed{}$ である.

（2） 直線 OA の方程式は $y = \boxed{}\,x$ であり,点 A の座標と △OAB の面積は A($\boxed{}$, $\boxed{}$),
△OAB の面積 $= \boxed{}$ である. (24 同志社女子大)

《領域と最大・最小？》

56. 食品 A は 1 個あたりタンパク質が 1.2g,食物繊維が 0.6g 含まれていて価格は 200 円,食品 B は 1 個あたりタンパク質が 1.6g,食物繊維が 0.4g 含まれていて価格は 250 円である.A,B を組み合わせて購入して,タンパク質が 20g 以上,食物繊維が 6g 以上含まれるようにしたい.購入金額を最小にするためには,A,B を何個ずつ購入すれば良いか.

	タンパク質	食物繊維
食品 A	1.2g	0.6g
食品 B	1.6g	0.4g
必要量	20g 以上	6g 以上

(23 愛知医大・看護)

《2円の共通接線》

57. a を正の定数とし,点 $(a, 2)$ を中心とする半径 2 の円を C_1 とし,原点 $(0, 0)$ を中心とする半径 1 の円を C_2 とする.直線 $5x + 12y - 13 = 0$ が C_1 に接しているとき,以下の問いに答えよ.

(1) a の値を求めよ.

(2) 2つの円 C_1, C_2 の両方に接する直線の方程式をすべて求めよ. （21 日本女子大・家政）

集合と論証

《何を答えればよいのか？》

58. 次の数学の授業における3人の生徒の会話を読んで，下の問いに答えよ．

Aさん：連続する3つの整数の和は，3の倍数になるね．

Bさん：逆に，どんな3の倍数も連続する3つの整数の和で表せるね．

Aさん：連続する3つの偶数の和も，3の倍数になるよ．

Cさん：ということは，3の倍数は，連続する3つの偶数の和で表せるということだね．

(1) Cさんの発言を，「$p \Longrightarrow q$」の形の命題にし，その真偽を判定して理由を説明せよ．

(2) 命題「$p \Longrightarrow q$」が真であるとき，その逆の命題の真偽を調べることの重要性について，自身の経験に基づいて述べよ． (24 東京学芸大)

《証明の方法》

59. a, b, c を実数とするとき，$a^2 > bc$ かつ $ac > b^2$ ならば，$a \neq b$ であることを証明せよ．

(24 釧路公立大)

《必要性と十分性》

60. 2つの条件

① n の正の約数が 4 個以上存在する

② n の 1 と n 以外の任意の 2 個の正の約数 l, $m\,(l \neq m)$ について，$|l-m| \leq 3$ が成り立つ

を満たす自然数 n について，次の (i)，(ii) の問いに答えよ．

(1) n が偶数であるとき，① と ② を同時に満たす n の値は □ 個あり，そのうちの最大値は □ である．

(2) n が 5 の倍数であるとき，① と ② を同時に満たす n の値は □ 個あり，そのうちの最大値は □ である．

(24　星薬大・B方式)

《4枚カード問題》

61. ここに4枚のカードがある．カードの両面を「A面」と「B面」とよぶことにする．4枚のカードのA面には地名が書かれており，B面には地名ではない単語が書かれていることが分かっている．

これら4枚のカードに関する命題 D 「A面に日本の地名が書いてあれば，B面にはイヌの種類名が書いてある」を考える．

（1） 命題 D の対偶を書け．
（2） 机の上に4枚のカードがA面またはB面のどちらかを上にして，次のように置かれている．これらの4枚のカードに関する命題 D の真偽について，カードを裏返して確認する．このとき，裏返して確認するカードの枚数をできるだけ少なくしたい．裏面を確認すべきカードをすべて書け．（注：ポメラニアンは小型犬の一種）

| 奈良 | パリ | ラーメン | ポメラニアン |

(23 奈良大)

《真偽表か集合か》

62. 条件 A, B, C について，A は B の十分条件，C は B の必要条件であるとき，以下の問いに答えなさい．
（1） A は C であるための □．
（2） 「B または C」は，A であるための □．
（3） 「B かつ C」は，A であるための □．
（4） 「C かつ『B でない』」は，A であるための □．
（5） 「『A かつ C』でない」は，B ではないための □．

（解答群） ⓪… 必要条件である
①… 十分条件である　②… 必要十分条件である
③… 必要条件でも十分条件でもない　　（21　立正大）

《人数の考察》
63. 40人の生徒にスマートフォンとタブレット端末の所有状況について，アンケートを行った．スマートフォンを所有していると回答した生徒は38人，タブレット端末を所有していると回答した生徒は32人であった．次の問いに答えなさい．
（1）　スマートフォンとタブレット端末の両方を所有している生徒の人数の最大値を求めなさい．
（2）　スマートフォンとタブレット端末の両方を所有している生徒の人数の最小値を求めなさい．
（3）　追加の質問としてノートPCを所有しているかについて聞いたところ，15人が所有していると回答した．スマートフォン，タブレット端末，ノートPCの3つすべてを所有している生徒の人数の最小値を求めなさい．
（4）　スマートフォン，タブレット端末，ノートPCの3つすべてを所有している生徒の人数が（3）で求めた最小値であるとき，スマートフォンとノートPCの両方を所有しているが，タブレット端末は所有していない生徒の人数を求めなさい．

（23　尾道市立大）

《パズル的問題》

64. 図のような縦横同数の格子の全ての格子点上に，白または黒の石を置く．縦または横に隣り合う石の色が同じならその間に実線を，異なっていれば点線を引き，実線の数を数える操作を行う．図1の実線の数は2本，図2では5本である．

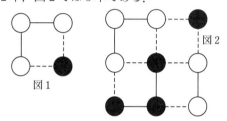

（1） 2×2の格子点に4つの石を置くとき，石の置き方にかかわらず，実線の数は偶数になることを示せ．

（2） 3×3の格子点に9つの石を置くとき，実線の数が奇数になるための必要十分条件を示せ．ただし，（1）の結果を使ってもよい．

(12 名古屋市大・医)

ベクトル

《直線上の点のパラメタ表示》

65. 図の △ABC において，辺 AB の延長上に AB = BD となる点 D がある．同様に，辺 BC の延長上に BC = CE となる点 E が，辺 CA の延長上に CA = AF となる点 F がそれぞれある．△ABC の重心を G とし，直線 GE と線分 AC, AB, FD との交点をそれぞれ H, I, J とする．このとき，次の比を求めよ．

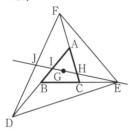

(1) CH : HA
(2) BI : IA
(3) DJ : JF

(15 宮崎大・共通)

《3つの結合》

66. 原点を O とする xy 平面上に 3 点
A(2, −1), B(−1, 3), C(4, 2)
がある．$0 \leqq p \leqq 1, 0 \leqq q \leqq 1, 0 \leqq r \leqq 1$
に対し，$\overrightarrow{OP} = p\overrightarrow{OA} + q\overrightarrow{OB} + r\overrightarrow{OC}$ を満たす点 P の存在しうる領域の面積は □ である．

(21 藤田医科大・AO)

《正五角形とベクトル》

67. 一辺の長さが 1 の正五角形 ABCDE がある．$\vec{AB} = \vec{u}, \vec{AC} = \vec{v}, |\vec{v}| = a$ とする．必要ならば「正五角形の対角線はその対角線と共有点をもたない辺と平行である」を使ってよい．

（1） $\vec{AD}, \vec{AE}$ を $\vec{u}, \vec{v}, a$ で表せ．

（2） a の値を求めよ．また，$\cos 36°$ の値を求めよ．

(06 東海大・理工)

《回転で長さを移動》

68. 空間内の四面体 OABC において，$\vec{OA} = \vec{a}, \vec{OB} = \vec{b}, \vec{OC} = \vec{c}$ とする．また，
$$|\vec{a}| = |\vec{b}| = 1, |\vec{c}| = 2,$$
$$\angle AOB = \angle BOC = \angle COA = \frac{\pi}{2}$$
とする．点 A から辺 BC に垂線 AP を下ろす．このとき，次の問いに答えよ．

（1） $\vec{OP}$ を $\vec{b}$ と $\vec{c}$ を用いて表せ．

（2） 点 Q は $\angle QPB = \frac{\pi}{2}, |\vec{QP}| = |\vec{AP}|$ を満たすとする．さらに $k < 0$ と $l < 0$ を用いて $\vec{OQ} = k\vec{b} + l\vec{c}$ と表せるとき，k と l を求めよ．

（3） 点 D は $\vec{OD} = \vec{b} + 2\vec{c}$ を満たすとする．また点 R が辺 BC 上を動くとき，$|\vec{AR}| + |\vec{RD}|$ を最小とする点を R_0 とする．このとき，$\vec{OR_0}$ を $\vec{b}$ と $\vec{c}$ を用いて表せ．

(24 静岡大・理，工，情報・後期)

《解法の選択》

69. 四面体 OABC がある．辺 OA を $2:1$ に外分する点を D とし，辺 OB を $3:2$ に外分する点を E とし，辺 OC を $4:3$ に外分する点を F とする．点 P は辺 AB の中点であり，点 Q は線分 EC 上にあり，点 R は直線 DF 上にある．3 点 P, Q, R が一直線上にあるとき，線分の長さの比 EQ : QC および PQ : QR を求めよ． (21 京都工繊大・前期)

《正四角錐と正四面体》

70. すべての辺の長さが 1 の四角錐がある．この四角錐の頂点を O，底面を正方形 ABCD とし，$\vec{OA} = \vec{a}, \vec{OB} = \vec{b}, \vec{OC} = \vec{c}$ とする．このとき，次の各問に答えよ．
(1) $\vec{OD}$ を $\vec{a}, \vec{b}, \vec{c}$ を用いて表せ．
(2) 内積 $\vec{a} \cdot \vec{b}, \vec{b} \cdot \vec{c}, \vec{c} \cdot \vec{a}$ をそれぞれ求めよ．
(3) 点 P, O, B, C が正四面体の頂点になるようなすべての点 P について，$\vec{OP}$ を $\vec{a}, \vec{b}, \vec{c}$ を用いて表せ． (10 宮崎大・医)

《点と平面の距離の公式》

71. 一辺の長さが 1 の立方体 ABCD-EFGH において，頂点 F から平面 DEG に下した垂線の長さは □ である． (19 昭和薬大・推薦)

複素数

《絶対値》

72. 2次方程式 $x^2 + Cx + D = 0$ の2つの解 γ, δ は

$$\gamma \neq 0,\ \delta \neq 0,\ |\gamma - \delta| = 2,\ \left|\frac{1}{\gamma} - \frac{1}{\delta}\right| = 2$$

を満たすとする．このとき，C, D の値を求めよ．ただし，C, D は有理数である． (16 富山大)

《方程式を解く》

73. （1） 複素数 z を未知数とする方程式
$z^5 + 2z^4 + 4z^3 + 8z^2 + 16z + 32 = 0$
の解をすべて求めよ．

（2） （1）で求めた解 $z = p + qi$（p, q は実数）のうち次の条件をみたすものをすべて求めよ．

条件：x を未知数とする3次方程式
$x^3 + \sqrt{3}qx + q^2 - p = 0$
が，整数の解を少なくとも1つもつ．

(05 名大)

《ジューコフスキ変換でレムニスケート》

74. z を複素数で $|z - 1| = \sqrt{2}$ をみたすものとし，$w = z + \dfrac{1}{z}$ とする．次の問いに答えよ．

（1） $\left|\dfrac{1}{z} + 1\right|^2 = 2$ であることを示せ．

（2） $|w - 2||w + 2| = 4$ であることを示せ．

(24 琉球大)

《反転》

75. 複素数平面上の原点以外の点 z に対して，
$w = \dfrac{1}{z}$ とする．

（1） α を 0 でない複素数とし，点 α と原点 O を結ぶ線分の垂直二等分線を L とする．点 z が直線 L 上を動くとき，点 w の軌跡は円から 1 点を除いたものになる．この円の中心と半径を求めよ．

（2） 1 の 3 乗根のうち，虚部が正であるものを β とする．点 β と点 β^2 を結ぶ線分上を点 z が動くときの点 w の軌跡を求め，複素数平面上に図示せよ．

(17 東大・理科)

《正七角形と放物線》

76. a は 0 でない実数，b, c は実数とする．xy 平面上における曲線 $C_1 : y = ax^2 + bx + c$
と円 $C_2 : x^2 + y^2 = 1$
が 4 交点をもつとし，そのうちの 3 交点が
$(1, 0), (\cos\theta, \sin\theta), (\cos 2\theta, \sin 2\theta)$ ……………①
であるとする．ただし $0 < \theta < \dfrac{\pi}{3}$ である．このとき，この xy 座標平面を複素平面と考え，4 交点に対応する複素数を z_1, z_2, z_3, z_4 とする．

（1） z_1, z_2, z_3, z_4 の積 $z_1 z_2 z_3 z_4$ の値を求めよ．

（2） ①以外の交点の座標を求めよ．

(22 立命館大・理系／改題)

《1 次式の変換で相似に写る》

77. 複素数平面上の原点 O を中心とする半径 1 の円周上にある 3 点 $A(\alpha)$, $B(\beta)$, $C(\gamma)$ を 3 頂点とする直角三角形でない三角形 $\triangle ABC$ を考える．A, B, C を原点の周りに角 2θ ($0 < 2\theta < \pi$) 回転させて得られる点をそれぞれ A_1, B_1, C_1 とする．直線 AB と A_1B_1 の交点を R とする．AB の中点を M, A_1B_1 の中点を M_1 とする．

（1） $\triangle OMR$ と $\triangle OM_1R$ は合同であることを示せ．

（2） $\angle MOR = \theta$ であることを示せ．

BC と B_1C_1 の交点，CA と C_1A_1 の交点をそれぞれ P, Q とする．また，i を虚数単位とし，
$$\lambda = \frac{\cos\theta + i\sin\theta}{2\cos\theta}$$
とおく．

（3） 点 P, Q, R を表す複素数をそれぞれ α, β, γ, λ によって表せ．

（4） ある点 $D(\delta)$ を中心として，$\triangle ABC$ を回転しある一定の比率で拡大または縮小すると $\triangle PQR$ に重なることを示し，このような δ を α, β, γ, λ によって表せ．

(17 大阪医大)

立体図形

《ねじれの位置》

78. 空間内の 2 直線 l, m はねじれの位置にあるとする．l と m の両方に直交する直線がただ 1 つ存在することを示せ． (24 阪大・理系)

《座標が一番》

79. 辺の長さが

$$AB = 3, AC = 4, BC = 5,$$
$$AD = 6, BD = 7, CD = 8$$

である四面体 ABCD の体積を求めよ．

(03 京大・文系・後期)

《等面四面体》

80.（1）平行四辺形 ABCD において，

$$AB = CD = a, BC = AD = b,$$
$$BD = c, AC = d$$

とする．このとき，$a^2 + b^2 = \dfrac{1}{2}(c^2 + d^2)$ が成り立つことを証明せよ．

（2）3 つの正数 a, b, c $(0 < a \leqq b \leqq c)$ が $a^2 + b^2 > c^2$ を満たすとき，各面の三角形の辺の長さを a, b, c とする四面体が作れることを証明せよ．

(03 名大・理系)

《三脚問題》

81. 四面体 ABCD は
AB $= 6$, BC $= \sqrt{13}$,
AD $=$ BD $=$ CD $=$ CA $= 5$
を満たしているとする．
（1） 三角形 ABC の面積を求めよ．
（2） 四面体 ABCD の体積を求めよ．

(06　学習院大・理)

《辺接球》

82. 四面体 OABC において，
OA = OB = OC = 4，AB = BC = CA = 6
とする．また，点 O から平面 ABC に下ろした垂線を OG とする．このとき，次の (a)，(b) が成立することは証明なしで用いてよいものとする．

(a) 点 G は三角形 ABC の重心である．
(b) 以下の各問における球 S_1，S_2，S_3 の中心は，いずれも半直線 OG 上にある．

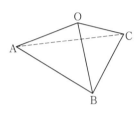

(1) OG の長さ h_1 を求めよ．また，4 点 O，A，B，C 全てを通る球 S_1 の半径 r_1 を求めよ．

(2) 点 G から直線 OA に下ろした垂線 GH の長さ h_2 を求めよ．また，6 つの線分 AB，BC，CA，OA，OB，OC 全てに接する球 S_2 の半径 r_2 を求めよ．

(3) 3 つの線分 AB，BC，CA 全てに接し，かつ 3 つの半直線 OA，OB，OC 全てに接する球のうち，S_2 と異なるものを S_3 とする．球 S_3 の半径 r_3 を求めよ．

(22 岐阜薬大)

微分積分

《逆手流》

83. すべての辺の長さの和が24，表面積が18の直方体がある．このとき，以下の設問に答えよ．

（1） この直方体の底面の縦と横の長さをそれぞれ x, y として，高さを $z\,(x \leqq y \leqq z)$ とする．このとき，直方体の体積 V を x のみを用いた式で表せ．

（2） V の最大値とそのときの x の値を求めよ．

(24　愛知大)

《有理数の無限級数は有理数？》

84. すべての項が有理数である数列 $\{a_n\}, \{b_n\}$ は以下のように定義されるものとする．

$$\left(\frac{1+5\sqrt{3}}{10}\right)^n = a_n + \sqrt{3}b_n \quad (n = 1, 2, 3, \cdots)$$

ここで，a_{n+1}, b_{n+1} はそれぞれ a_n, b_n と有理数 A, B, C, D を用いて，

$$a_{n+1} = Aa_n + Bb_n,\ b_{n+1} = Ca_n + Db_n$$

と表すことができ，このとき $A+B+C+D$ は ☐ である $(n \geqq 1)$．また，$\displaystyle\lim_{n\to\infty}\sum_{i=1}^{n}a_i$ は ☐ となる．

(23　防衛医大)

《定義に従う》

85. 関数 $f(x)$ を，
$$f(0)=0,\ f(x)=x^2\cos\frac{1}{x}\ (x\neq 0\text{ のとき})$$
と定める．導関数 $f'(x)$ が存在するか調べよ．また，導関数 $f'(x)$ が存在する場合，その導関数 $f'(x)$ の連続性を調べよ． (24 福島県立医大・医)

《図で考える》

86. 自然数 n に対して，関数 $f_n(x)$ を
$$f_n(x)=1-\frac{1}{2}e^{nx}+\cos\frac{x}{3}\ (x\geqq 0)$$
で定める．ただし，e は自然対数の底である．
（1） 方程式 $f_n(x)=0$ は，ただ1つの実数解をもつことを示せ．
（2） （1）における実数解を a_n とおくとき，極限値 $\lim_{n\to\infty}a_n$ を求めよ．
（3） 極限値 $\lim_{n\to\infty}na_n$ を求めよ． (24 阪大・理系)

《定積分で表された関数》

87. $m,\ n$ を正の整数とする．n 次関数 $f(x)$ が，次の等式を満たしているとき，$f(x)=\boxed{}$ である．
$$\int_0^x(x-t)^{m-1}f(t)\,dt=\{f(x)\}^m$$
(20 早稲田大・商)

《積分方向の選択》

88. 座標平面において，直線 l を曲線 $C_1 : y = \log x$ と曲線 $C_2 : y = \dfrac{1}{3}\log x$ の共通の接線とする．このとき，下の問いに答えよ．

（1） 直線 l を表す方程式を求めよ．

（2） 直線 l，曲線 C_1 および曲線 C_2 で囲まれた部分の面積を求めよ． (24 東京学芸大・前期)

《この積分は難しい？》

89. 2つの曲線
$$C_1 : y = xe^{-x}, \quad C_2 : y = xe^{-x}\sin x$$
がある．以下の問いに答えよ．

（1） 2つの不定積分 $\displaystyle\int e^{-x}\sin x\, dx$，$\displaystyle\int e^{-x}\cos x\, dx$ を求めよ．

（2） 不定積分 $\displaystyle\int xe^{-x}\sin x\, dx$ を求めよ．

（3） $0 \leqq x \leqq 3\pi$ において，C_1 と C_2 は3つの異なる共有点を持つ．この共有点のうち，C_1 と C_2 が接する点の座標を求めよ．

（4） $0 \leqq x \leqq 3\pi$ において，C_1, C_2 で囲まれた2つの部分の面積の和を求めよ．

(24 京都府立大・理工情報)

《区間の反転で計算を軽減》

90. 曲線 $y = \sqrt{x}\sin x$ と曲線 $y = \sqrt{x}\cos x$ を考える．$\dfrac{\pi}{4} \leqq x \leqq \dfrac{5}{4}\pi$ の区間でこれらの2つの曲線に囲まれる領域が x 軸のまわりに1回転してできる回転体の体積を求めよ． (17 お茶の水女子大・化, 生, 情)

《放物面と円柱》

91. xy 平面上で放物線 $y = x^2$ と直線 $y = 2$ で囲まれた図形を，y 軸のまわりに 1 回転してできる回転体を L とおく．回転体 L に含まれる点のうち，xy 平面上の直線 $x = 1$ からの距離が 1 以下のもの全体がつくる立体を M とおく．

（1） t を $0 \leqq t \leqq 2$ を満たす実数とする．xy 平面上の点 $(0, t)$ を通り，y 軸に直交する平面による M の切り口の面積を $S(t)$ とする．$t = (2\cos\theta)^2 \left(\dfrac{\pi}{4} \leqq \theta \leqq \dfrac{\pi}{2} \right)$ のとき，$S(t)$ を θ を用いてあらわせ．

（2） M の体積 V を求めよ．

(17 阪大・理系)

《3 次曲面》

92. xyz 空間において，$x^2 + y^2 \leqq 1$ かつ $0 \leqq z \leqq 4x^3 - 3x + 1$ を満たす領域を S とする．この領域 S のうち $\dfrac{1}{2} \leqq x$ を満たす部分を T，$x \leqq \dfrac{1}{2}$ を満たす部分を U とする．また，T の体積を V とする．以下の設問に答えよ．

（1） $\cos 3\theta$ を $\cos\theta$ を用いて表せ．（答えだけで良い）

（2） V を求めよ．

（3） U の体積を V を用いて表せ．

（4） T を，z 軸の周りに反時計回りに $120°$ 回転させた立体のうち，S に含まれる部分の体積を V を用いて表せ．

(25 関西医大・医・前期)

《不等式の作り方》

93. 2つの定数 a, b があり，$x > -1$ を満たすすべての実数 x に対して $(x+1)^{-\frac{4}{5}} \geq ax+1$ および $(x+1)^{\frac{1}{5}} \leq bx+1$ が成り立つ．このとき，$a = \boxed{}, b = \boxed{}$ である．不等式 $\left(1+\dfrac{1}{4}\right)^{\frac{1}{5}} \leq 1 + \dfrac{n}{1000}$ を成り立たせるような最小の自然数 n は $n = \boxed{}$ である． (24 東邦大・医)

《不定積分出来ないが面積は出る》

94. 関数 $f(x) = (-4x^2+2)e^{-x^2}$ について，次の問いに答えよ．

（1） $f(x)$ の極値を求めよ．

（2） a を $a \geq 0$ となる実数とし，
$$I(a) = \int_0^a e^{-x^2} dx$$
とする．このとき，定積分 $\int_0^a x^2 e^{-x^2} dx$ を $a, I(a)$ を用いて表せ．

（3） $0 \leq x \leq 5$ において，曲線 $y = f(x)$ と x 軸の間の部分の面積を求めよ．

(14 新潟大・理, 医, 歯, 工)

《東急電鉄の扇風機をモデルにした問題》

95. Oを原点とする xyz 空間において,3点
$A\left(1, \dfrac{2}{\sqrt{3}}, 0\right)$, $B\left(-1, \dfrac{2}{\sqrt{3}}, 0\right)$, $C(0, 0, 2)$ の定める平面 ABC 上に O から垂線 OH を下ろす.平面 ABC において,H を中心とする半径 1 の円板(内部も含む) D を考えるとき,次の問いに答えよ.

(1) 平面 $z = t$ が D と交わるような t の値の範囲を求めよ.

(2) D を z 軸のまわりに 1 回転させるとき,D が通過してできる立体 K の体積 V を求めよ.

(24 東京慈恵医大)

《斜回転・軽い誘導つき》

96. 曲線 $y = -\dfrac{1}{2}x^2 - \dfrac{1}{2}x + 1$ $(0 \leqq x \leqq 1)$ を C とし,直線 $y = 1 - x$ を l とする.

(1) C 上の点 (x, y) と l の距離を $f(x)$ とするとき,$f(x)$ の最大値を求めよ.

(2) C と l で囲まれた部分を l の周りに 1 回転してできる立体の体積を求めよ.

(22 群馬大)

2次曲線

《双曲線の頻出問題》

97. 座標平面上に円 $C : x^2 + y^2 = 4$ と点 $P(6, 0)$ がある．円 C 上を点 $A(2a, 2b)$ が動くとき，線分 AP の中点を M とし，線分 AP の垂直二等分線を l とする．

（1） 点 M の軌跡の方程式を求め，その軌跡を図示せよ．

（2） 直線 l の方程式を a, b を用いて表せ．

（3） 直線 l が通過する領域を表す不等式を求め，その領域を図示せよ． (22 上智大・理工)

その他

《tan の加法定理の注意》

98. 四角形 ABCD について次の問いに答えよ.

(1) $\tan A + \tan B = 0$ であるとき,この四角形は AD // BC の台形であることを示せ.

(2) $\tan A + \tan B + \tan C + \tan D = 0$ であるとき,この四角形はどんな形の四角形か.

(24 愛知医大・医・推薦)

《解の配置》

99. 方程式

$$\log_a(x-3) = \log_a(x+2) + \log_a(x-1) + 1$$

が解をもつとき,定数 a のとり得る値の範囲を求めよ.

(23 信州大・医,工,医・保健,経法)

《任意と「存在」》

100. a, b は正の数,x, y は実数とし
$$(a+1)^{2x} + (a+1)^{2y} = b \cdots\cdots(*)$$
とする.

(1) $a=1, b=3, y=-x$ とする.
$t=4^x$ とおくと,$(*)$ は t の式として $\boxed{} = 0$ と表され,これを満たす t の値は $t = \boxed{}$ である.このとき,$x = \boxed{}$ である.

(2) $y = -x+1$ のとき,$(*)$ を満たす x, y が存在するための a, b の条件は $b \geq \boxed{}$ である.

(3) $(*)$ を満たす x, y で,$0 \leq x \leq 1$ かつ $0 \leq y \leq 1$ であるようなものが存在するための a, b の条件は $\boxed{} \leq b \leq \boxed{}$ である.

(4) 条件「$0 \leq x \leq 1$ を満たす任意の x に対し,$(*)$ と $0 \leq y \leq 1$ をともに満たすような y が存在する」が成り立つとき,a と b の間に成り立つ関係式は $b = \boxed{}$ である.

(24 獨協医大)

解答編

═══《ルートの近似値》═══

1. $\sqrt{13}$ を 10 進法の小数で表したとき小数第 3 位の数字は☐，小数第 4 位の数字は☐である．ただし，必要であれば $(3.606)^2 = 13.003236$ であることを用いてよい． (24 慶應大・商)

そこのあなた，電卓を使ってはいけません！ 日本の試験では，電卓を使わないことが前提ですよ．

▶**解答**◀ 開平により $\sqrt{13} = 3.6055\cdots$ で答えは **5, 5**

注意 開平は次のようにする．まず $\sqrt{13}$ を書き，小数点を基準に 2 桁ずつ区切る．2 乗して 13 以下になる最大の整数 (今は 3) を 3 か所に書く．右に $3 \cdot 3$ の 9，左下に $3+3$ の 6，右下に $13-9$ の 4 と $\sqrt{}$ 内の次の 2 桁 00 を書く．

```
              3
   3   √13.00│00│00│00
   3        9
   6       4 00
```

次に $6x$ (2 桁の数) 掛ける x が 400 以下になる最大の整数 x (今は $x=6$) を次のように 3 か所に書く．

```
              3. 6
   3   √13.00│00│00│00
   3        9
  66       4 00
   6       3 96
  72         4  00
```

右に $66 \cdot 6$ の 396, 左下に $66+6$ の 72, 右下に $400-396$ の 4 と $\sqrt{}$ 内の次の 2 桁 00 を書く．これを繰り返す．

```
                3. 6   0    5    5
    3       √13.00 | 00 | 00 | 00
    3          9
   ─────     ─────
    6 6        4 00
      6        3 96
   ─────     ─────
    7 2 0       4 00
        0
   ─────     ─────
    7 2 0 5     4 00  00
          5     3 60  25
   ─────     ─────
    7 2 1 0 5      39 75 00
            5      36 05 25
```

♦別解♦ 書籍としては，こっちが本当の解答である．
$(3.605)^2 = 12.996025$ は手計算する．
$(3.605)^2 = 12.996025 < 13 < (3.606)^2$
$$3.605 < \sqrt{13} < 3.606 \quad \cdots\cdots\cdots\cdots\text{①}$$
$\alpha = \sqrt{13} - 3.605$ とおく．分子の有理化をする．
$$\alpha = \frac{13 - (3.605)^2}{\sqrt{13} + 3.605} = \frac{0.003975}{\sqrt{13} + 3.605}$$
① より $\dfrac{0.003975}{3.606 + 3.605} < \alpha < \dfrac{0.003975}{3.605 + 3.605}$

$$\frac{0.003975}{7.211} < \alpha < \frac{0.003975}{7.21}$$

この左右両辺は手計算する．
$$0.0005512\cdots < \alpha < 0.0005513\cdots$$
$\alpha = 0.000551\cdots$ となる．$\sqrt{13} = 3.605551\cdots$
$\sqrt{13}$ の小数第 4 位の数字は **5** である．

=== 《分母の有理化》 ===

2. 次の式の分母を有理化し,分母に 3 乗根の記号が含まれない式として表せ.
$$\frac{55}{2\sqrt[3]{9}+\sqrt[3]{3}+5}$$

(23 京大・文系)

 以下,x 以外の文字 a, b, c などはすべて有理数とする.たとえば $\frac{1}{\sqrt{2}+1} = \sqrt{2}-1$ のように,$\frac{1}{a\sqrt{2}+b}$ の形の式は $c\sqrt{2}+d$ の形に直すことが出来る.これを「分母の有理化」という.$x = \sqrt{2}-1$ とおくと $x+1 = \sqrt{2}$ を 2 乗して $x^2+2x+1 = 2$ となり,$x^2 = 1-2x$ となる.これを「次数下げ」と呼んで,いずれも高校数学としては基本的な手法である.これを連想すれば,$\sqrt[3]{3} = x$ とおくと $x^3 = 3$ が成り立つのだから,$\frac{1}{ax^2+bx+c}$ の形の式は dx^2+ex+f の形になるはずである.

▶解答◀ $\sqrt[3]{3} = x$ とおくと $x^3 = 3$ である.3 次以上の項はこれで消せるから,2 次式の形にできると予想し
$$\frac{55}{2x^2+x+5} = ax^2+bx+c$$
の形の式にできることを示す.分母をはらい
$$a(2x^4+x^3+5x^2) + b(2x^3+x^2+5x)$$
$$+ c(2x^2+x+5) = 55$$
$x^3 = 3$ を適用すると

$$a(6x + 3 + 5x^2) + b(6 + x^2 + 5x)$$
$$+ c(2x^2 + x + 5) = 55$$
$$(5a + b + 2c)x^2 + (6a + 5b + c)x$$
$$+ (3a + 6b + 5c) = 55$$

となる．ここで

$5a + b + 2c = 0$ ……………………………………①
$6a + 5b + c = 0$ ……………………………………②
$3a + 6b + 5c = 55$ …………………………………③

となるように a, b, c を定める．②×2 − ① より $7a + 9b = 0$ となる．分数を避けたいので $b = 7k$, $a = -9k$ とおく．② に代入し $-54k + 35k + c = 0$ となり $c = 19k$ となる．③ に代入し $(-27 + 42 + 95)k = 55$ となる．$110k = 55$ で $k = \dfrac{1}{2}$ となる．

$$\frac{55}{2x^2 + x + 5} = k(-9x^2 + 7x + 19)$$
$$\frac{55}{2x^2 + x + 5} = \frac{1}{2}(-9\sqrt[3]{9} + 7\sqrt[3]{3} + 19)$$

【互除法の利用】

考え方を述べる．1次以上の x の多項式 $A(x), B(x)$ が互いに素とは，複素数の範囲で $A(x) = 0$ と $B(x) = 0$ が共通の解をもたないことである．次の事実の応用である．

a, b が互いに素な整数のとき，$ax + by = 1$ となる整数 x, y が存在する．

1次以上の x の多項式 $A(x), B(x)$ が互いに素なとき，$A(x)F(x) + B(x)G(x) = 1$ となる多項式 $F(x), G(x)$ が存在する．作問の発想はこれであろう．

♦別解♦

$$x^3 - 3 - (2x^2 + x + 5)\left(\frac{1}{2}x - \frac{1}{4}\right) = -\frac{9}{4}x - \frac{7}{4}$$

$x^3 - 3$ を $2x^2 + x + 5$ で割ると商が $\frac{1}{2}x - \frac{1}{4}$ で，余りは $-\frac{9}{4}x - \frac{7}{4}$ である．

$$2x^2 + x + 5 - \left(-\frac{9}{4}x - \frac{7}{4}\right)\left(-\frac{8}{9}x + \frac{20}{81}\right) = \frac{440}{81}$$

$2x^2 + x + 5$ を $-\frac{9}{4}x - \frac{7}{4}$ で割ると商は $-\frac{8}{9}x + \frac{20}{81}$，余りは $\frac{440}{81}$ である．ここで $\sqrt[3]{3} = x$ とおくと $x^3 = 3$ が成り立つのだから，

$$-(2x^2 + x + 5)\left(\frac{1}{2}x - \frac{1}{4}\right) = -\frac{9}{4}x - \frac{7}{4}$$

および

$$2x^2 + x + 5 - \left(-\frac{9}{4}x - \frac{7}{4}\right)\left(-\frac{8}{9}x + \frac{20}{81}\right) = \frac{440}{81}$$

となる．この2式から $-\frac{9}{4}x - \frac{7}{4}$ を消去する．

$$2x^2 + x + 5 + (2x^2 + x + 5)\left(\frac{1}{2}x - \frac{1}{4}\right)\left(-\frac{8}{9}x + \frac{20}{81}\right) = \frac{440}{81}$$

$2x^2 + x + 5$ で割って81倍すると

$$81 + \left(\frac{1}{2}x - \frac{1}{4}\right)(-72x + 20) = \frac{440}{2x^2 + x + 5}$$

左辺を展開すると

$$-36x^2 + 28x + 76 = \frac{440}{2x^2 + x + 5}$$

8で割ると

$$\frac{1}{2}(-9x^2 + 7x + 19) = \frac{55}{2x^2 + x + 5}$$

$$\frac{55}{2x^2 + x + 5} = \frac{1}{2}(-9\sqrt[3]{9} + 7\sqrt[3]{3} + 19)$$

♦別解♦ 様々な別解がある．1つだけ示す．
 $a = 2\sqrt[3]{9}, b = \sqrt[3]{3}, c = 5$ とおいて

$$a^3 + b^3 + c^3 - 3abc$$
$$= (a+b+c)(a^2+b^2+c^2-ab-bc-ca)$$

を利用する．

$$\frac{55}{a+b+c} = \frac{55(a^2+b^2+c^2-ab-bc-ca)}{a^3+b^3+c^3-3abc}$$
$$= 55 \cdot \frac{12\sqrt[3]{3} + \sqrt[3]{9} + 25 - 6 - 5\sqrt[3]{3} - 10\sqrt[3]{9}}{8 \cdot 9 + 3 + 125 - 3 \cdot 6 \cdot 5}$$
$$= \frac{55}{110}(-9\sqrt[3]{9} + 7\sqrt[3]{3} + 19)$$
$$= \frac{1}{2}(-9\sqrt[3]{9} + 7\sqrt[3]{3} + 19)$$

― 《1次関数》 ―

3. 関数
$$f(x) = |x+2| + ||x-1|-2| + |x-3|$$
を考える．$x < -2$ のとき $f(x) = -\boxed{}x$ であり，$-2 \leqq x < -1$ のとき $f(x) = -\boxed{}x + \boxed{}$ である．また，a を正の実数の定数とし，区間 $0 \leqq x \leqq a$ における $f(x)$ の最大値を与える x の個数がちょうど 2 個であるとき，$a = \boxed{}$ であり，そのときの $f(x)$ の最大値は $\boxed{}$ である． (24 中京大)

易しい問題ではあるが，十分試験になる．絶対値の中が 0 になるところの前後で絶対値の外れ方が変わり，そこで線が折れる．その点を求めると落ち着く．
$x+2=0, x-1=0, |x-1|-2=0, x-3=0$
となる点で，$x = -2, 1, -1, 3$ である．

▶解答◀ （ア）$x \leqq 1$ のとき．
$f(x) = |x+2| + |1-x-2| + |x-3|$
$= |x+2| + |x+1| + |x-3|$
$x < -2$ のとき
$f(x) = -(x+2) - (x+1) - (x-3) = \mathbf{-3}x$
$-2 \leqq x < -1$ のとき
$f(x) = (x+2) - (x+1) - (x-3) = \mathbf{-1} \cdot x + \mathbf{4}$

（イ）$1 \leqq x$ のとき．
$f(x) = |x+2| + |x-1-2| + |x-3|$
$= x+2+2|x-3|$
$1 \leqq x \leqq 3$ のとき
$f(x) = x+2+2(3-x) = 8-x$
$x \geqq 3$ のとき
$f(x) = x+2+2(x-3) = 3x-4$
最大を与える点は，区間の端点または極大を与えるもので，$x = 0$ は最大を与えないから，最大が2点で与えられるのは $x = 1, x = a$ のときである．最大値 $= 3a-4 = \mathbf{7}$ のときで $a = \dfrac{\mathbf{11}}{\mathbf{3}}$

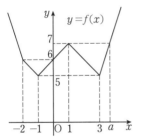

図は縦位置を少し移動してある．なお「場合分けのときは，一方に等号を入れたら他方は等号を抜け」と教わるが，高校で出てくる関数，曲線の99パーセントは連続だから，どんどん等号を入れる方が気楽である．今は問題文に合わせるところは合わせてある．

=== 《1次関数》 ===

4. 7つのマッチ箱が円にそって並べてある．はじめの箱には24本のマッチ棒が入っており，2番目には15本，以下，17本，13本，28本，14本，29本のマッチ棒が入っている．マッチ棒は隣り合う箱にしか移せないとする．移動させるマッチの総本数を輸送量とよぶことにする．下の図は，箱に入っているマッチの本数がすべて同じになるようなマッチの移し方のひとつであり，輸送量は $13+8+5+2+6+0+9=43$ 本である．他にも様々な移し方とそのときの輸送量が考えられる．すべての箱に入っているマッチの本数が同じ（すなわち各々20本ずつ）になるようにマッチを移すときの輸送量の<u>最小値</u>を求めなさい．

(19 産業医大)

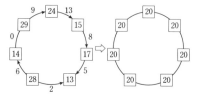

▶**解答**◀ 問題文の図のマッチの移し方について右回りの移動を正とし（図1），x をすべてに加えた移し方で考える（図2）．図2を見よ．輸送量を $f(x)$ とする．

$$f(x) = |x+9| + |x+13| + |x+8| + |x+5| \\ + |x-2| + |x+6| + |x|$$

境界値の小さい順に並べる．たとえば $|x+13|$ は境界値が -13 である．

$$f(x) = |x+13| + |x+9| + |x+8| + |x+6| \\ + |x+5| + |x| + |x-2|$$

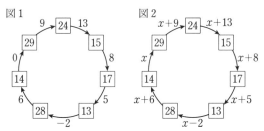

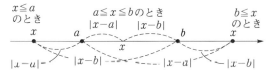

$a < b$ のとき，数直線上で，点 a, b, x の距離を考える．括弧内は等号成立条件である．

$$|x-a| + |x-b| \geqq b-a \quad (a \leqq x \leqq b)$$

である．等号は $a \leqq x \leqq b$ の任意の x で成り立つ．

$$|x+13|+|x-2|$$
$$\geqq 2-(-13)=15 \ (-13 \leqq x \leqq 2) \ \cdots\cdots\cdots\cdots①$$
$$|x+9|+|x|$$
$$\geqq 0-(-9)=9 \ (-9 \leqq x \leqq 0) \ \cdots\cdots\cdots\cdots②$$
$$|x+8|+|x+5|$$
$$\geqq (-5)-(-8)=3 \ (-8 \leqq x \leqq -5) \ \cdots\cdots③$$
$$|x+6| \geqq 0 \ (x=-6) \ \cdots\cdots\cdots\cdots\cdots\cdots\cdots④$$

これらを辺ごとに加え

$$f(x) \geqq 15+9+3+0=27$$

等号は①, ②, ③, ④ が同時に成り立つ $x=-6$ のときである.よって,求める輸送量の最小値は **27** である.

◆別解◆ $x \leqq -13$ のとき $x-2 \leqq 0, x \leqq 0, \cdots$

$$f(x)=-(x-2)-x-(x+5)-(x+6)$$
$$-(x+8)-(x+9)-(x+13)=-7x+\cdots$$

$-13 \leqq x \leqq -9$ のとき $x+13 \geqq 0$ になり他は上と同様である.

$$f(x)=-(x-2)-x \cdots -(x+9)+(x+13)$$
$$=-5x+\cdots$$

x の係数は -5 になる.

$-9 \leqq x \leqq -8$ のときは $f(x)=-3x+\cdots$
$-8 \leqq x \leqq -6$ のときは $f(x)=-x+\cdots$
$-6 \leqq x \leqq -5$ のときは $f(x)=x+\cdots$

$-5 \leqq x \leqq 0$ のときは $f(x) = 3x + \cdots$
$0 \leqq x \leqq 2$ のときは $f(x) = 5x + \cdots$
$x \geqq 2$ のときは $f(x) = 7x + \cdots$
となる．x の係数が負のときは減少，x の係数が正のときは増加する．$f(x)$ は $x = -6$ で最小値 **27** をとる．

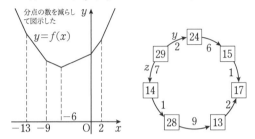

注意 1° 【生徒の解法】

多くの生徒に解いてもらった．解答のように立式できた人は 1 割もいなかった．大半は方針が立たなかった．答えの数値が出た生徒は次のようにしていた．29 本のところからは，出る一方だろうと決める．右に y 本，左に z 本出るとして，たとえば $y = 2, z = 7$ のときは上右図のように移動し，輸送量は 28 になる．$(y, z) = (0, 9) \sim (9, 0)$ で，10 通り調べる．

2° 【類題】1978 年東大文科の 1 次試験に顕微鏡の移動の問題がある．

=== 《候補を挙げる》 ===

5. a を定数として,2 次関数 $f(x) = x^2 - ax + a + 3$ がある.関数 $f(x)$ の $\frac{1}{2} \leq x \leq 2$ における最大値を M, 最小値を m とする.$M = 2m$ となるような a の値は □, □ である.(24 同志社女子大)

原題は設問が多すぎるので減らした.この状態で,多くの生徒に解いてもらった.2 次関数の最大・最小問題で $M - m$ の最小値の問題は,皆,知っているが解けない.場合分けから入ると意欲が途切れる.「M, m の候補のグラフを描く」がよい.

▶**解答**◀ $f(x) = \left(x - \frac{a}{2}\right)^2 - \frac{a^2}{4} + a + 3$

曲線 $y = f(x)$ は ∨ の形で,区間 $\frac{1}{2} \leq x \leq 2$ において,m, M は

$$f\left(\frac{1}{2}\right) = \frac{a}{2} + \frac{13}{4}, f(2) = -a + 7$$
$$f\left(\frac{a}{2}\right) = -\frac{a^2}{4} + a + 3$$

の中にある.ただし $f\left(\frac{a}{2}\right)$ が有効なのは $\frac{1}{2} \leq \frac{a}{2} \leq 2$, すなわち $1 \leq a \leq 4$ のときであり,そのとき $m = f\left(\frac{a}{2}\right)$ である.図 1 で $l_1 : Y = \frac{a}{2} + \frac{13}{4}$, $l_2 : Y = -a + 7$, $C : Y = -\frac{a^2}{4} + a + 3 \ (1 \leq a \leq 4)$ であり上側の太線が M, 下側の太線が m のグラフである.

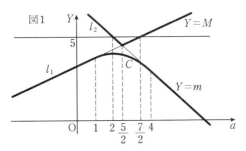

このa=1, a=4のあたりを拡大する.

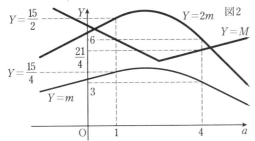

$a=1$ のとき $m=\dfrac{15}{4}$, $M=6$ であり, $a=4$ のとき $m=3$, $M=\dfrac{21}{4}$ であるから, いずれの場合も $2m>M$ である. これより, $2m$ のグラフは図2のようになり, $M=2m$ になるとき, m として $f\left(\dfrac{a}{2}\right)$ は使わない. M, m は $f\left(\dfrac{1}{2}\right), f(2)$ の中にある.

$$-a+7=2\left(\dfrac{a}{2}+\dfrac{13}{4}\right),\ \dfrac{a}{2}+\dfrac{13}{4}=2(-a+7)$$

を解いて $a=\dfrac{1}{4},\ \dfrac{43}{10}$ である.

【学校の方法】 学校では，M，m は次のように求める．

M は区間の中央 $x = \dfrac{5}{4}$ と放物線の軸 $x = \dfrac{a}{2}$ の左右で場合分けする（図 a を見よ）．

$a \leqq \dfrac{5}{2}$ のとき軸は $\dfrac{5}{4}$ の左で $M = f(2) = -a + 7$

$a \geqq \dfrac{5}{2}$ のとき軸は $\dfrac{5}{4}$ の右で $M = f\left(\dfrac{1}{2}\right) = \dfrac{a}{2} + \dfrac{13}{4}$

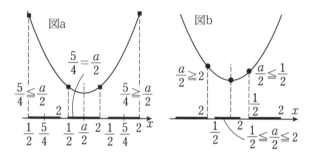

m は軸が区間 $\dfrac{1}{2} \leqq x \leqq 2$ の右か，中か，左かで場合分けする（図 b を見よ）．

$a \leqq 1$ のとき，軸は区間の左で $m = f\left(\dfrac{1}{2}\right) = \dfrac{a}{2} + \dfrac{13}{4}$

$1 \leqq a \leqq 4$ のとき，軸は区間の中で $m = f\left(\dfrac{a}{2}\right)$

$a \geqq 4$ のとき，軸は区間の右で $m = f(2) = -a + 7$

この後，方程式を解く気力が残っている人は，実験の範囲では一人もいなかった．

《予選決勝法》

6. a を実数とする．関数
$$f(x) = x^2 - a|x-2| + \frac{a^2}{4}$$
の最小値を a で表せ．

(10 千葉大・理，工，教育，文，法経，園芸)

絶対値を外す変形は，解答の式 ①，② を見よ．生徒の大半は，次が答えだという．

$x \geq 2$ のときの最小値は $f\left(\dfrac{a}{2}\right) = 2a$ …………ⓐ

$x \leq 2$ のときの最小値は $f\left(-\dfrac{a}{2}\right) = -2a$ …………ⓑ

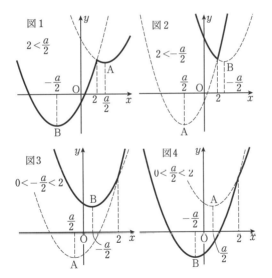

図1　$2 < \dfrac{a}{2}$

図2　$2 < -\dfrac{a}{2}$

図3　$0 < -\dfrac{a}{2} < 2$

図4　$0 < \dfrac{a}{2} < 2$

図1を見よ．$x \geqq 2$ の予選を勝ち抜いた勝者は ⓐ であるが，$x \leqq 2$ の予選を勝ち抜いた勝者は ⓑ であり，その勝者を決めないといけない．予選決勝法という．図2，3，4 などグラフを描き分けるのは無理だろう．私達は「候補のグラフを描いて見る」を提唱している．

▶解答◀　求める最小値を m とする．$x \geqq 2$ のとき
$$f(x) = x^2 - a(x-2) + \frac{a^2}{4} = \left(x - \frac{a}{2}\right)^2 + 2a \quad \cdots \text{①}$$
$x \leqq 2$ のとき
$$f(x) = x^2 + a(x-2) + \frac{a^2}{4} = \left(x + \frac{a}{2}\right)^2 - 2a \quad \cdots \text{②}$$
m は $f\left(\dfrac{a}{2}\right) = 2a$, $f\left(-\dfrac{a}{2}\right) = -2a$, $f(2) = 4 + \dfrac{a^2}{4}$
の中にある．ただし $2a$ が候補として有効なのは $\dfrac{a}{2} > 2$，すなわち $a > 4$ のときで，そのとき $m = f(2)$ ではない．$-2a$ が候補として有効なのは $-\dfrac{a}{2} < 2$，すなわち $a > -4$ のときで，そのとき $m = f(2)$ ではない．$a > 4$ のときは $a > -4$ であるから，$2a$, $-2a$ は両方とも候補として有効である．図より

$a > -4$ のとき $m = -2a$

$a \leqq -4$ のとき $m = 4 + \dfrac{a^2}{4}$

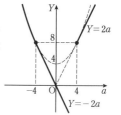

《2 変数関数》

7. 実数 x, y が $|2x+y|+|2x-y|=4$ をみたすとき，$2x^2+xy-y^2$ のとり得る値の範囲は
$\boxed{} \leqq 2x^2+xy-y^2 \leqq \boxed{}$ である．

(18 東京慈恵医大)

▶**解答**◀ 2 変数の関数である．基底の変更をする．x, y を主変数でなく，$2x+y, 2x-y$ を主変数にする．

$2x+y=u, 2x-y=v$ とおく．
$$x=\frac{u+v}{4}, y=\frac{u-v}{2}$$
$f=2x^2+xy-y^2$ とおく．
$$f=(2x-y)(x+y)=v \cdot \frac{3u-v}{4}=\frac{3}{4}uv-\frac{1}{4}v^2$$
である．$|u|+|v|=4$ であり，1つの $|u|, |v|$ に対し，符号を変えて，uv の符号は自由に選ぶことができる．

$$-|u||v| \leqq uv \leqq |u||v|$$
$$-\frac{3}{4}|u||v|-\frac{1}{4}v^2 \leqq f \leqq \frac{3}{4}|u||v|-\frac{1}{4}v^2$$

$|v|=t$ とおくと $|u|+|v|=4$ より $|u|=4-t$ だから
$$-\frac{3}{4}(4-t)t-\frac{1}{4}t^2 \leqq f \leqq \frac{3}{4}(4-t)t-\frac{1}{4}t^2$$
$$\frac{1}{2}t^2-3t \leqq f \leqq -t^2+3t$$
$$\frac{9}{2} \leqq \frac{1}{2}(t-3)^2-\frac{9}{2} \leqq f \leqq \frac{9}{4}-\left(t-\frac{3}{2}\right)^2 \leqq \frac{9}{4}$$
$$-\frac{9}{2} \leqq f \leqq \frac{9}{4}$$

$f = -\dfrac{9}{2}$ になるのは $|v|=3$, $|u|=1$, $uv<0$
$f = \dfrac{9}{4}$ になるのは $|v|=\dfrac{3}{2}$, $|u|=\dfrac{5}{2}$, $uv>0$
のときに起こる.

♦別解♦ $f(x,y) = 2x^2 + xy - y^2$ とおく.

$$|2x+y| + |2x-y| = 4 \quad \cdots\cdots\cdots ①$$

について $2x+y$ と $2x-y$ の符号で場合分けして考える.
（ア） $2x+y \geqq 0$ かつ $2x-y \geqq 0$ $\cdots\cdots\cdots ②$
のとき①は, $(2x+y)+(2x-y)=4$ となる. $x=1$ であり, ②より $-2 \leqq y \leqq 2$ である.

$$f(1,y) = 2 + y - y^2 = -\left(y - \dfrac{1}{2}\right)^2 + \dfrac{9}{4}$$

であり, 取り得る値の範囲は,

$$f(1,-2) \leqq f(1,y) \leqq f\left(1, \dfrac{1}{2}\right)$$

$$-4 \leqq f(1,y) \leqq \dfrac{9}{4}$$

（イ） $2x+y \leqq 0$ かつ $2x-y \geqq 0$ $\cdots\cdots\cdots ③$
のとき①は, $-(2x+y)+(2x-y)=4$ となる. $y=-2$ であり, ③より $-1 \leqq x \leqq 1$ である.

$$f(x,-2) = 2x^2 - 2x - 4 = 2\left(x - \dfrac{1}{2}\right)^2 - \dfrac{9}{2}$$

であり, 取り得る値の範囲は

$$f\left(\dfrac{1}{2}, -2\right) \leqq f(x,-2) \leqq f(-1,-2)$$

$$-\dfrac{9}{2} \leqq f(x,-2) \leqq 0$$

（ウ） $2x+y \leqq 0$ かつ $2x-y \leqq 0$ ……………④

のとき①は，$-(2x+y)-(2x-y)=4$ となる．$x=-1$ であり，④より $-2 \leqq y \leqq 2$ である．
$$f(-1, y) = 2-y-y^2 = -\left(y+\frac{1}{2}\right)^2 + \frac{9}{4}$$
であり，取り得る値の範囲は
$$f(-1, 2) \leqq f(-1, y) \leqq f\left(-1, -\frac{1}{2}\right)$$
$$-4 \leqq f(-1, y) \leqq \frac{9}{4}$$

（エ） $2x+y \geqq 0$ かつ $2x-y \leqq 0$ ……………⑤

のとき①は，$(2x+y)-(2x-y)=4$ となる．$y=2$ であり，⑤より $-1 \leqq x \leqq 1$ である．
$$f(x, 2) = 2x^2+2x-4 = 2\left(x+\frac{1}{2}\right)^2 - \frac{9}{2}$$
であり，取り得る値の範囲は
$$f\left(-\frac{1}{2}, 2\right) \leqq f(x, 2) \leqq f(1, 2)$$
$$-\frac{9}{2} \leqq f(x, 2) \leqq 0$$

以上より，$2x^2+xy-y^2$ の取り得る値の範囲は
$$-\frac{9}{2} \leqq 2x^2+xy-y^2 \leqq \frac{9}{4}$$

注意 【生徒は場合分けで時間を使う】

生徒に解いてもらうと，等号を入れたり消したりして，無駄に時間を使い，一向に値域の考察にいかない人が多い．一方に等号を入れたら他方は除けと教わるせいである．

《条件式は cyclic》

8. 実数 $x \geq 0, y \geq 0, z \geq 0$ に対して
$$x + y^2 = y + z^2 = z + x^2$$
が成り立つとする．このとき $x = y = z$ であることを証明せよ．

(18 札幌医大)

易しい問題であるが，生徒に解いてもらうとあまり正解しない．ほとんどの生徒が「$0 \leq z \leq y \leq x$ としても一般性を失わない」のように，3 数の大小を設定して始めるからである．これは一般性を失っている．

(1 次の項，2 次の項) の組は $(x, y), (y, z), (z, x)$ と回っている．このような式を cyclic という．対称性はないが，cyclic だから最大数を設定する．

▶解答◀ 与式は cyclic だから x, y, z で x が最大としても一般性は失わない．

$x \geq y \geq 0, x \geq z \geq 0$ となる．

$x + y^2 = y + z^2$ より $x - y = z^2 - y^2$

左辺は 0 以上だから右辺も 0 以上で $z^2 \geq y^2$ となる．よって $z \geq y$ ……………………………①

$y + z^2 = z + x^2$ より
$$z - y = z^2 - x^2$$

① より左辺は 0 以上だから右辺も 0 以上で $z^2 \geq x^2$ となる．よって $z \geq x$ である．ところが $x \geq z$ であるから $x = z$ となり，また $y + z^2 = z + x^2$ より $y = z$ となる．以上より，$x = y = z$ である．

【誤答例】 $0 \leqq z \leqq y \leqq x$ としても一般性を失わない．
(ここから) $x + y^2 = y + z^2$ より
$$x - y = z^2 - y^2 \quad \cdots\cdots\cdots\cdots\cdots\cdots ②$$
となり，$0 \leqq z \leqq y \leqq x$ より
$$0 \leqq x - y = z^2 - y^2 \leqq 0$$
だから $x - y = 0, z^2 - y^2 = 0$ となる．よって
$x = y, z = y$ となり $x = y = z$ である．(ここまで)
(誤答終わり)

【これが誤答である理由】

「一般性を失わない」というのは「他の大小関係の場合には，文字の入れ替えだけで終わる」ということである．つまり，y, z を取り替えた
「$0 \leqq y \leqq z \leqq x$ の場合には，「誤答例」の y, z を取り替えたものが，証明になっている」
と主張していることになる．本当にそうだろうか？上の(ここから)(ここまで)の部分で，形式的に y, z を取り替えてみよう．y のところを z に，z のところを y に変えたところは太字にした．

$0 \leqq y \leqq z \leqq x$ の場合には
(ここから) $x + \boldsymbol{z}^2 = \boldsymbol{z} + \boldsymbol{y}^2$ より
$$x - \boldsymbol{z} = \boldsymbol{y}^2 - \boldsymbol{z}^2$$
となり，$0 \leqq \boldsymbol{y} \leqq \boldsymbol{z} \leqq x$ より
$$0 \leqq x - \boldsymbol{z} = \boldsymbol{y}^2 - \boldsymbol{z}^2 \leqq 0$$
だから $x - \boldsymbol{z} = 0, \boldsymbol{y}^2 - \boldsymbol{z}^2 = 0$ となる．よって
$x = \boldsymbol{z}, \boldsymbol{y} = \boldsymbol{z}$ となり $x = \boldsymbol{z} = \boldsymbol{y}$ である．(ここまで)

さて，これは $0 \leq y \leq z \leq x$ の場合の解答になっているだろうか？なっているはずがない．1行目の「$x + z^2 = z + y^2$ より」がいけない．本当の問題文には $x + z^2 = z + y^2$ という式などないからである．

♦別解♦ $x + y^2 = y + z^2 = z + x^2$

の，左辺と中辺，中辺と右辺，右辺と左辺より

$\quad x - y = (z - y)(z + y)$ …………………③

$\quad y - z = (x - z)(x + z)$ …………………④

$\quad z - x = (y - x)(y + x)$ …………………⑤

これらを辺ごとに掛けると

$(x - y)(y - z)(z - x)$

$\quad = (z - y)(x - z)(y - x)(z + y)(x + z)(y + x)$

$(x - y)(y - z)(z - x)$

$\quad \times \{1 + (z + y)(x + z)(y + x)\} = 0$

$1 + (z + y)(x + z)(y + x) > 0$ であるから

$\quad (x - y)(y - z)(z - x) = 0$

$x = y$ または $y = z$ または $z = x$

$x = y$ ならば⑤より $z = x$ となり $x = y = z$ となる．

他の場合も同様である．

━━━━━━━━━━━《曲線の交点》━━━

9. 定数 a は実数であるとする.

関数 $y = |x^2 - 2|$ と $y = |2x^2 + ax - 1|$ のグラフの共有点はいくつあるか. a の値によって分類せよ.

(08 京大・理系・乙)

2008 年に，100 人以上の生徒に解いてもらって，驚いた．次の（ア），（イ）のような生徒が多い．
（ア） $y = |x^2 - 2|$ のグラフと，$y = |2x^2 + ax - 1|$ のグラフを描いて考える．
（イ） $|x^2 - 2| = |2x^2 + ax - 1|$ で $x^2 - 2$ の符号，$2x^2 + ax - 1$ の符号で，4 通りの場合分けを始める．解けるわけがない．

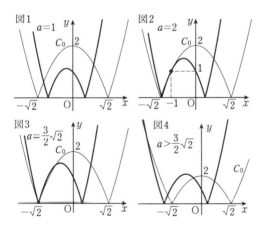

（ア） 細線は $C_0: y = |x^2 - 2|$ のグラフ，太線は $y = |2x^2 + ax - 1|$ のグラフである．a が正で小さいときは 2 交点（図 1），a が大きくなっていくと左の方へずれていき $a = 2$ のときには x 座標が -1 の点で接し 3 つの共有点（図 2），その後は 4 交点，$a = \dfrac{3}{2}\sqrt{2}$ では x 座標が $-\sqrt{2}$ の点で交わり 3 交点（図 3），それ以後は 4 交点になる（図 4）．

$|X| = |A|$ は A, X の符号など考えず，$X = \pm A$ と外すのが定石である．

▶解答◀ $|x^2 - 2| = |2x^2 + ax - 1|$
$2x^2 + ax - 1 = x^2 - 2$ または $2x^2 + ax - 1 = -x^2 + 2$
となる．したがって，

$$x^2 + ax + 1 = 0 \cdots\cdots ①$$

または $3x^2 + ax - 3 = 0 \cdots\cdots ②$

となる．①の判別式を D_1，②の判別式を D_2 とする．

$$D_1 = a^2 - 4, \quad D_2 = a^2 + 36 > 0$$

また，①，②が共通解をもつことがあるかどうかを調べる．共通解をもつとき，それを β とすると

$$\beta^2 + a\beta + 1 = 0 \cdots\cdots ③$$

$$3\beta^2 + a\beta - 3 = 0 \cdots\cdots ④$$

となる．④－③より $2\beta^2 - 4 = 0$ となり，$\beta = \pm\sqrt{2}$

$\beta = \sqrt{2}$ のとき③に代入し $a = -\dfrac{3}{2}\sqrt{2}$

$\beta = -\sqrt{2}$ のとき $a = \dfrac{3}{2}\sqrt{2}$

②は常に2個の実数解をもつ．$D_1 > 0$（$|a| > 2$）のとき，①は異なる2個の実数解をもつ．$D_1 = 0$（$|a| = 2$）のとき，①は1個の実数解をもつ．$D_1 < 0$（$|a| < 2$）のとき，①は実数解をもたない．ここに②の実数解の個数2を加えるが，共通解の有無を考慮して，求める共有点の個数は

$|a| > \dfrac{3}{2}\sqrt{2}$ のとき 4，$|a| = \dfrac{3}{2}\sqrt{2}$ のとき 3，

$2 < |a| < \dfrac{3}{2}\sqrt{2}$ のとき 4，

$|a| = 2$ のとき 3，

$|a| < 2$ のとき 2

♦別解♦【文字定数分離】

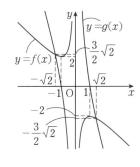

$x = 0$ はいずれの解でもないから①，②を x で割り

$a = -x - \dfrac{1}{x}$,

および $a = \dfrac{3}{x} - 3x$ となる．

$f(x) = -x - \dfrac{1}{x}$, $g(x) = \dfrac{3}{x} - 3x$ とおく．

$$f'(x) = -1 + \dfrac{1}{x^2} = \dfrac{1-x^2}{x^2}$$

$$g'(x) = -\dfrac{3}{x^2} - 3 < 0$$

$$f(x) - g(x) = 2x - \dfrac{4}{x} = \dfrac{2(x^2 - 2)}{x}$$

から曲線 $y = f(x)$, $y = g(x)$ のグラフの関係がわかる．これらと直線 $y = a$ の共有点から答えを得る．

=== 《多項式の決定》 ===

10. $P(0) = 1$, $P(x+1) - P(x) = 2x$ を満たす整式 $P(x)$ を求めよ． (17 一橋大)

▶**解答**◀ $P(x)$ が定数なら $P(x+1) - P(x) = 0$ だから与式は成立しない．$P(x)$ が n 次式 $(n \geq 1)$ とすると $P(x) = a_n x^n + a_{n-1} x^{n-1} + \cdots \ (a_n \neq 0)$ とおけて

$$P(x+1) = a_n(x+1)^n + a_{n-1}(x+1)^{n-1} + \cdots$$

となる．

$$P(x+1) - P(x) = a_n\{(x+1)^n - x^n\}$$
$$+ a_{n-1}\{(x+1)^{n-1} - x^{n-1}\} + \cdots$$

a_n が掛かっている部分，$(x+1)^n - x^n$ を整理する．

$$(x+1)^n - x^n = {}_n\mathrm{C}_1 x^{n-1} + {}_n\mathrm{C}_2 x^{n-2} + \cdots + 1$$

は $n-1$ 次式である．同様に a_{n-1} が掛かっている部分は（あれば）x の $n-2$ 次式，… となるから $P(x+1) - P(x)$ は $n-1$ 次式である．これが $2x$ の次数に等しいから $n-1 = 1$ であり $n = 2$ となる．$P(0) = 1$ に注意すると $P(x) = ax^2 + bx + 1$ とおける．

$$P(x+1) - P(x) = a(2x+1) + b$$

これが $2x$ と一致する条件は $2a = 2$, $a + b = 0$ であり，$a = 1$, $b = -1$ である．ゆえに $\boldsymbol{P(x) = x^2 - x + 1}$

♦別解♦ $P(x+1) - P(x) = 2x$
は階差数列を連想させる．k を 0 以上の整数として
$$P(k+1) - P(k) = 2k$$
n が自然数のとき，$k = 0, 1, \cdots, n-1$ とした式を辺ごとに加え
$$P(n) - P(0) = 2 \cdot \frac{1}{2} n(n-1)$$

$P(1)-P(0)=2\cdot 0$
$P(2)-P(1)=2\cdot 1$
$P(3)-P(2)=2\cdot 2$
$\vdots$
$P(n)-P(n-1)=2(n-1)$

$P(0) = 1$ だから $P(n) = n^2 - n + 1$
　ここでは n は自然数だが，多項式の x は不定元（一般のもの）だから，すぐに $P(x) = x^2 - x + 1$ と断定するわけにはいかない．しかし，それをつなぐ定石がある．因数定理を使う．$f(x) = P(x) - (x^2 - x + 1)$ とおく．n を自然数とする．$f(n) = P(n) - (n^2 - n + 1) = 0$ であるから，因数定理より $f(x)$ は $x - n$ で割り切れる．$n = 1, 2, 3, \cdots$ とすれば，$f(x)$ は $x-1, x-2,$ $x-3, \cdots, x-10^8, \cdots$ いくらでも好きなだけ，割り切れる．そんな多項式は定数 0 しかありえない．ゆえに $f(x) = 0$ だから $\boldsymbol{P(x) = x^2 - x + 1}$ である．また，このとき与式は成り立つ．高校のとき私はこう解いた．

《ガウス記号の問題》

11. $[x]$ は x を超えない最大の整数を表すものとする．連立方程式
$$\begin{cases} 2[x]^2 - [y] = x + y \\ [x] - [y] = 2x - y \end{cases}$$
を満たす実数 x, y について，以下の問いに答えよ．
（1） $3x, 3y$ はそれぞれ整数であることを示せ．
（2） x, y の組をすべて求めよ．

(23 早稲田大・人間科学・数学選抜)

実数 x は $x = n + \alpha$ (n は整数，$0 \leqq \alpha < 1$) の形に表すことができて，n を x の整数部分，α を x の小数部分という．このとき $n = [x]$ と表し，日本と中国ではガウス記号という．

$\lfloor x \rfloor$ を floor function といい，無理に訳せば床関数である．床関数はガウス記号と同じである．$\lceil x \rceil$ を ceiling function といい，無理に訳せば天井関数である．

「x を超えない最大の整数 (床関数)」「x 以上の最小の整数 (天井関数)」は「わかりにくいから9割くらいの人は読んでいない」が私の経験による冗談である．「x 以上の最小の整数」が出題されているのに，高校のクラス全員「ガウス記号だ！」と誤解したことすらある．

x が整数のときには $\lfloor x \rfloor = \lceil x \rceil = n$
x が整数でないときには $\lfloor x \rfloor = n, \lceil x \rceil = n + 1$
であり，床関数は小数部分の切り捨て，天井関数は小数部分の切り上げである．この方が，誤解は少ない．

手元にケンブリッジ大学出版会の *A Course in Combinatorics* (J.H.van Lint など) という本がある．あちこちに天井関数や床関数が出てくる．このように，組合せ論の本では答えに床関数や天井関数が入っていて，個数を数えるための記号である．日本の学校教育では，ガウス記号のグラフを描いたり，極限で扱い，およそ，本来の使い方と，ほど遠いことをしてきた．そして，$x-1<[x]\leqq x$ と不等式で扱うのがポイントであると参考書は書いてきた．それは扱い方の1つでしかない．本問は，x の整数部分と小数部分，y の整数部分と小数部分，**未知数4個の方程式**である．

▶解答◀ （1） $2[x]^2-[y]=x+y$ ……………①
$[x]-[y]=2x-y$ ……………………………②

①+② より $3x=2[x]^2+[x]-2[y]$

①×2−② より $3y=4[x]^2-[x]-[y]$

それぞれ右辺は整数であるから証明された．

（2） $[x]=X, [y]=Y$ とおく．X, Y は x, y のそれぞれの整数部分である．それぞれの小数部分を α, β とする．$3x=3X+3\alpha, 3y=3Y+3\beta$ は整数であるから，

$\alpha=0, \dfrac{1}{3}, \dfrac{2}{3}$ ……………………………③

$\beta=0, \dfrac{1}{3}, \dfrac{2}{3}$ ……………………………④

のいずれかであり，$x=X+\alpha, y=Y+\beta$ である．①に代入し $2X^2-Y=X+\alpha+Y+\beta$ となり，左辺に X, Y を集めて

$2X^2-X-2Y=\alpha+\beta$ ……………………⑤

②に代入して $X-Y=2(X+\alpha)-(Y+\beta)$ となり,
$$X = \beta - 2\alpha \quad \cdots\cdots\cdots\cdots\cdots\cdots ⑥$$
となる. ⑤の左辺が整数であるから右辺の $\alpha+\beta$ が整数となる α, β を③, ④から求める.
$$(\alpha, \beta) = (0, 0), \left(\frac{1}{3}, \frac{2}{3}\right), \left(\frac{2}{3}, \frac{1}{3}\right)$$
のいずれかである.

(ア) $(\alpha, \beta) = (0, 0)$ のとき. ⑥に代入し $X=0$ となり, ⑤に代入し $Y=0$ を得る. $x=0, y=0$ となる.

(イ) $(\alpha, \beta) = \left(\frac{1}{3}, \frac{2}{3}\right)$ のとき.
⑤, ⑥に代入して $X=0, 2X^2-X-2Y=1$ となり, $Y=-\frac{1}{2}$ となるが,これは整数でないから不適である.

(ウ) $(\alpha, \beta) = \left(\frac{2}{3}, \frac{1}{3}\right)$ のとき.
⑤, ⑥に代入して $X=-1, 2X^2-X-2Y=1$ となり, $Y=1$ となる.
$$(x, y) = (X+\alpha, Y+\beta) = \left(-\frac{1}{3}, \frac{4}{3}\right)$$
$$(x, y) = \boldsymbol{(0, 0), \left(-\frac{1}{3}, \frac{4}{3}\right)}$$

♦別解♦ （2） ガウス記号は不等式で解きたい人が多い．その場合は「小数部分 α, β を不等式で挟んで，整数部分についての連立方程式を解いて，それを⑤，⑥に戻して小数部分についての連立方程式を解いて，整数部分と小数部分を加えるという手順」で解く．あるいは「①，②に戻して x, y について解く」という手順である．

⑤，⑥までは同じ．

$0 \leqq \beta < 1, 0 \leqq \alpha < 1$ より $-2 < \beta - 2\alpha < 1$ となり，⑥より $-2 < X < 1$ となる．X, Y は整数だから $X = -1, 0$

$0 \leqq \alpha + \beta < 2$ より $0 \leqq 2X^2 - X - 2Y < 2$

$2X^2 - X - 2Y = 0, 1$

$X = -1$ のとき $3 - 2Y = 0, 1$

Y が整数になるのは $Y = 1$

$X = 0$ のとき $-2Y = 0, 1$

Y が整数になるのは $Y = 0$

$X = -1, Y = 1$ を①，②に代入して

$x + y = 1, 2x - y = -2$ となり，

これを解いて $x = -\dfrac{1}{3}, y = \dfrac{4}{3}$

$X = 0, Y = 0$ を①，②に代入して

$x + y = 0, 2x - y = 0$ となり，$x = 0, y = 0$

$$(x, y) = (\mathbf{0, 0}), \left(-\dfrac{1}{3}, \dfrac{4}{3}\right)$$

これらは順に $X = 0, Y = 0$ および $X = -1, Y = 1$ を満たす．

=== 《切符の買い方》 ===

12. 100 人の団体がある区間を列車で移動する．このとき，乗車券が 7 枚入った 480 円のセット A と，乗車券が 3 枚入った 220 円のセット B を購入して，利用することにした．購入した乗車券は余ってもよいものとする．このとき，A のみ，あるいは B のみを購入する場合も含めて，購入金額が最も低くなるのは，A，B をそれぞれ何セットずつ購入するときか．またそのときの購入金額はいくらか．

(12　九大・文系)

　本問は文章を少し変更してある．式で解くように誘導してあったが，生徒はそんなことをしない．次のように考える．A の切符は 1 枚あたり 68.5 円，B の切符は 1 枚あたり 73.3 円．1 枚あたり 5 円しか変わらない．切符を 1 枚余らせたら 70 円近く損をするから，余らせないようにするのがよい（本当は怪しい）．単価の安い A をできるだけ多く使う．$7 \cdot 13 = 91$ だから，あと 9 枚である．B を 3 セット買う．ぴったりで，余らない．これで答えが合うから，商業用模擬試験で，これで減点したりすると，返却答案を見て，怒った生徒からの，抗議の電話が鳴り止まないから，減点できない．設定が悪い．B セットを 250 円にしておけば，誤答続出だった．

▶**解答**◀ （ア）Bを使わないとき，7200円でAを15セット（105枚）買い5枚余らせるときが最安である．

（イ）Bを使うとき，余る切符の枚数は0，1，2のいずれかで考えればよい．3枚以上余るならBを1セット少なくした方が安いからである．Aの切符は1枚あたり68.5…円，Bの切符は1枚あたり73.3…円だから，切符の余る枚数が同じならば，Aをできるだけ多く，Bはできるだけ少なく購入した方がよい．100より小さい7の倍数は，98，91，84，…で，これはAを14，13，12，…セット購入する場合の枚数である．この98，91，84という数を使う．

(a) 0枚余るとき（切符の購入枚数は100）．100から3を引いていくと，97，94，91，…となり，このうちで7の倍数で最大の場合が最安である．それは91である．Aを13セット（91枚）とBを3セットのときが最安で6900円である．

(b) 1枚余るとき（切符の購入枚数は101）．101から3を引いていくと，98，95，92，…となり，このうちで7の倍数で最大の場合は98である．Aを14セット（98枚）とBを1セットのときが最安で6940円である．

(c) 2枚余るとき（切符の購入枚数は102）．102から3を引いていくと，99，96，93，90，87，84，…となり，このうちで7の倍数で最大の場合は84である．Aを12セット（84枚）とBを6セットのときが最安で7080円である．

以上からAを**13**セット，Bを**3**セット購入したときの**6900円**が最小である．

注意 【Bセットの値段を変える】

Aセットの値段はそのままで，Bセットをn円にする．ただしnは自然数で，$\dfrac{n}{3} > \dfrac{480}{7}$（$n \geqq 206$）とする．

$K(A, B) = 480A + nB$ とおく．K は「かかく」のつもりである．

$K(13, 3) = 480 \cdot 13 + 3n$, $K(14, 1) = 480 \cdot 14 + n$, $K(12, 6) = 480 \cdot 12 + 6n$

となる．常に $K(12, 6) > K(13, 3)$ であるから，$K(12, 6)$ は論外である．

$K(13, 3) - K(14, 1) = 2n - 480$

となる．$n > 240$ のときは $K(14, 1)$ が最安値，$206 \leqq n < 240$ のときは $K(13, 3)$ が最安値である．$K(13, 3)$ は切符が余らない場合である．$K(14, 1)$ は切符が1枚余る場合である．

こういう問題で「余らない方がいいに決まっている」という生徒を黙らせるためには，余るときの中に答えがあるようにしておかねばならない．だから，Bセットを250円くらいにしておけば，「いい模擬試験を受けた」と満足度も高い．

《連立不等式を解く》

13. a を実数として,次の連立不等式を解け.
$$\begin{cases} x^2-(a+2)x+2a \leqq 0 \\ ax^2-(a+1)x+1 \leqq 0 \end{cases}$$

(15 奈良教育大)

ax 平面に図示して,見ると分かりやすい.

▶解答◀ $(x-a)(x-2) \leqq 0$ ……………………①

$(ax-1)(x-1) \leqq 0$ ……………………②

① を満たす点 (a, x) の存在範囲は図1の境界を含む網目部分である.② を満たす (a, x) の存在範囲は図2の境界を含む網目部分である.そして,① かつ ② を満たす (a, x) の存在範囲は図3の境界を含む網目部分である.実際には a は定数だから,縦に切って点 x の範囲を読む.

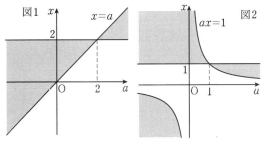

たとえば,$a = 1.8$ だと,図4の太線部分のようになる.この x 座標の範囲を読む.

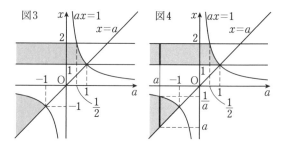

$a \leqq -1$ のとき $a \leqq x \leqq \dfrac{1}{a}$ または $1 \leqq x \leqq 2$

$-1 < a \leqq \dfrac{1}{2}$ のとき $1 \leqq x \leqq 2$

$\dfrac{1}{2} \leqq a \leqq 1$ のとき $1 \leqq x \leqq \dfrac{1}{a}$

$a > 1$ のとき **解なし**

注意 1°【不等式の解き方】

 以下は1次の因子(factor の訳語として,式だから因数より,因子がよい)の積または商で表された不等式の解の出し方を述べる.

 私は高校時代,不等式 $(x-1)(x-2) > 0$ を解くときには,次のように考えた.x に大きな値,たとえば $x = 100$ を入れると $99 \cdot 98 > 0$ は成り立つ.$x > 2$ の x は適する.$x > 2$ から $1 < x < 2$ に入る.たとえば $x = 1.5$ を入れると,$x - 2$ が,それまで正だったのが負になるから,不適になる.$1 < x < 2$ は不適.$x < 1$ になると適する.$(x-1)(x-2) > 0$ の解は $x < 1, x > 2$ となる.これを,私は「2解の外側」と呼んでいた.ひとたび納得したら結果を覚える.$\alpha < \beta$ のとき,$(x - \alpha)(x - \beta) > 0$ の解を α, β の外側と覚

えた．現在，教科書では曲線 $y=(x-\alpha)(x-\beta)$ を考えよと教える．1変数の不等式を2次元の曲線で考えよというのなら，領域 $(y-x)(y-x^2) \leqq 0$ を図示するときには xyz 空間の曲面 $z=(y-x)(y-x^2)$ を考えるのだろうか？

2°【領域の図示の仕方】

 ax 平面に領域 $(x-a)(x-2) \leqq 0$ を図示するときも同様である．各因子 $x-a$, $x-2$ の境界 (因子が0になるもの) $x=a$, $x=2$ で平面全体を区切る．図1を見よ．たとえば x 軸上の上の方の点 $(a, x)=(0, 100)$ を代入する．$(100-0)(100-2) \leqq 0$ は成立しない．x 軸の上の方は不適である．後は境界を線で飛び越えるたびに適と不適を交代する．点 $(2, 2)$ で飛び越えてはいけない．$(ax-1)(x-1) \leqq 0$ の場合は反比例のグラフ $x=\dfrac{1}{a}$ と直線 $x=1$ で区切る．

3°【普通に解く】

普通に解くときには次のようにする．

① は2解の間 (等号があっても間ということにする) で
$a<2$ のとき $a \leqq x \leqq 2$
$a=2$ のとき $x=2$
$a>2$ のとき $2 \leqq x \leqq a$
である．② は a が正なら2解の間，a が負なら2解の外側 (等号があっても外側ということにする) で

$1 < a$ のとき $\dfrac{1}{a} \leqq x \leqq 1$

$a = 1$ のとき $x = 1$

$0 < a < 1$ のとき $1 \leqq x \leqq \dfrac{1}{a}$

$a = 0$ のとき $x \geqq 1$

$a < 0$ のとき $x \leqq \dfrac{1}{a}, 1 \leqq x$

である．この後が問題である．①と②の合体をするのだが，登場する数の大小を比べないといけない．そのためには，$x = 1, x = 2, x = a, x = \dfrac{1}{a}$ のグラフを描いて比べるのが効率的である．それなら最初からそれをすればいい．だから，最初の解答に戻るのである．

━━━━━━━━━━━━━《困難は分割せよ》━━━

14. 実数 a, b は $0 < a < b$ を満たし，x, y, z はいずれも a 以上かつ b 以下であるとする．このとき次を示せ．
（1） $x + y = a + b$ ならば，$xy \geqq ab$ である．
（2） $x + y + z = a + 2b$ ならば，$xyz \geqq ab^2$ である． (08 千葉大・医)

▶**解答**◀ （1） 図1を見よ．$A(a, b), B(b, a)$ で点 (x, y) は線分 AB 上の動点である．反比例のグラフ $xy = k\ (k > 0)$ が線分 AB と共有点をもつように動かす．一番下に下がったとき，すなわち，A, B を通るときに最小になり，そのとき $k = ab$ である．$xy \geqq ab$ である．

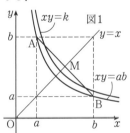
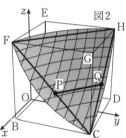

（2） 図2を見よ．xyz 空間で
$F(b, a, b), C(b, b, a), H(a, b, b)$

であり，点 (x, y, z) は三角形 FCH の周または内部（領域 S とする）を動く点である．曲面 $xyz = k \, (k > 0)$ は下に膨れた曲面で，これが S と共有点をもつように動かす．一番下に下がったとき，すなわち，F，C，H を通るときに最小になり，そのとき $k = ab^2$ である．$xyz \geqq ab^2$ である．

【困難は分割せよについて】

デカルトは『方法序説』の中で「困難は分割せよ」と言った．大学受験では「多変数では，一度に動かそうとしないで，幾つかを固定して他を動かせ」という解釈とする．

♦別解♦（1） $xy = \dfrac{1}{4}\{(x+y)^2 - (x-y)^2\}$

和 $x+y$ が一定のとき，積 xy を最小にするためには差 $|x-y|$ を最大にすればよい．前ページの図を見よ．差が最大になるのは AB の端っこ，A，B になったときで，$(x, y) = (a, b), (b, a)$ のときである．xy の最小値は ab である．

（2） k を $a \leqq k \leqq b$ として，$z = k$ で固定する．
$x + y + k = a + 2b$ で，P$(b, a+b-k, k)$，
Q$(a+b-k, b, k)$ として，(x, y, k) は線分 PQ 上を動く．$xyz = xyk$ は端 P，Q で最小値 $b(a+b-k)k$ をとる．これからさらに k を動かすが，$a+b-k$ と k の和が一定であるから，$b(a+b-k)k$ は，やはり端 $k = a, b$ で最小値 ab^2 をとる．

♦別解♦ （2） 対数の底は1より大きければなんでもよい．図3で A(a, $\log a$)，B(b, $\log b$)，
P(x, $\log x$)，Q(y, $\log y$)，R(z, $\log z$)，
H$\left(\dfrac{a+2b}{3}, \dfrac{\log a + 2\log b}{3}\right)$,
G$\left(\dfrac{x+y+z}{3}, \dfrac{\log x + \log y + \log z}{3}\right)$ とする．

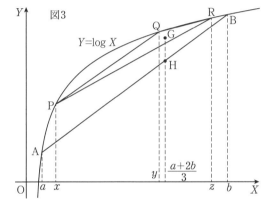

$\dfrac{x+y+z}{3} = \dfrac{a+2b}{3}$ であるから H, G は縦に並んでいる．$a \leqq x \leqq b, a \leqq y \leqq b, a \leqq z \leqq b$ であるから P, Q, R は直線 AB よりも上方（その上を含む）にあるから G は H より上方にある（式でも示せるが省略）．

$$\dfrac{\log x + \log y + \log z}{3} \geqq \dfrac{\log a + 2\log b}{3}$$

$\log xyz \geqq \log ab^2$ となり，$xyz \geqq ab^2$ である．

―― 《不等式証明》

15. 次の問いに答えよ．
（1） 不等式
$$a^2 + b^2 + c^2 - ab - bc - ca \geq 0$$
が成り立つことを示せ．また，等号が成り立つのはどのようなときか．ただし，a, b, c は実数とする．
（2） 不等式 $\dfrac{a^5 - a^2}{a^4 + b + c} \geq \dfrac{a^3 - 1}{a(a + b + c)}$
が成り立つことを示せ．また，等号が成り立つのはどのようなときか．ただし，a, b, c は正の実数とする．
（3） 不等式
$$\frac{a^5 - a^2}{a^4 + b + c} + \frac{b^5 - b^2}{b^4 + c + a} + \frac{c^5 - c^2}{c^4 + a + b} \geq 0$$
が成り立つことを示せ．また，等号が成り立つのはどのようなときか．ただし，a, b, c は $abc \geq 1$ を満たす正の実数とする．

（20 富山大・医，薬，理，工，都市デザイン）

現在，不等式証明は，2数の相加相乗平均の不等式を除いて，大学入試にほとんど出ない．1題だけ掲載する．

▶解答◀ （1） $a^2+b^2+c^2-ab-bc-ca$
$$=\frac{1}{2}\{(a-b)^2+(b-c)^2+(c-a)^2\} \geqq 0$$
等号は $\boldsymbol{a=b=c}$ のとき成り立つ.

（2） $\dfrac{a^5-a^2}{a^4+b+c} - \dfrac{a^3-1}{a(a+b+c)}$

を通分する．分母は $(a^4+b+c)a(a+b+c)$ で分子は

$$a^2(a^3-1)\cdot a(a+b+c) - (a^3-1)(a^4+b+c)$$
$$= (a^3-1)\{a^3(a+b+c)-(a^4+b+c)\}$$
$$= (a^3-1)\{a^3(b+c)-(b+c)\}$$
$$= (a^3-1)^2(b+c) \geqq 0$$

不等式は成り立つ．等号は $a^3=1$ （$\boldsymbol{a=1}$）のとき成立.

（3） 右辺の分母を一定にすると考え，（2）の不等式を

$$\frac{a^5-a^2}{a^4+b+c} \geqq \frac{a^2-\dfrac{1}{a}}{a+b+c}$$

と書き直す．$abc \geqq 1$ であるから $\dfrac{1}{a} \leqq bc$ であり，

$$\frac{a^5-a^2}{a^4+b+c} \geqq \frac{a^2-\dfrac{1}{a}}{a+b+c} \geqq \frac{a^2-bc}{a+b+c}$$

$$\frac{a^5-a^2}{a^4+b+c} \geqq \frac{a^2-bc}{a+b+c} \quad \cdots\cdots① $$

となる．同様に

$$\frac{b^5-b^2}{b^4+c+a} \geqq \frac{b^2-ca}{a+b+c} \quad \cdots\cdots②$$

$$\frac{c^5-c^2}{c^4+a+b} \geqq \frac{c^2-ab}{a+b+c} \quad \cdots\cdots③$$

①，②，③ を加えると

$$\frac{a^5-a^2}{a^4+b+c} + \frac{b^5-b^2}{b^4+c+a} + \frac{c^5-c^2}{c^4+a+b}$$

$$\geq \frac{a^2+b^2+c^2-ab-bc-ca}{a+b+c} \geq 0$$

等号は $abc=1$ かつ「$a=1$, $b=1$, $c=1$」かつ $a=b=c$ すなわち **$a=b=c=1$** のとき成り立つ.

注意 2005年国際数学オリンピック（IMO）第3問の類題である．（3）は簡単な方法がある．次の別解は元IMO選手団団長の藤田岳彦中央大教授による．

$$\frac{a^5-a^2}{a^4+b+c} = a - \frac{a(a+b+c)}{a^4+b+c}$$
$$= a - \frac{a+b+c}{a^3+\frac{b}{a}+\frac{c}{a}}$$

となり，相加相乗平均の不等式より

$$a^3+\frac{b}{a}+\frac{c}{a} \geq 3\sqrt[3]{a^3 \cdot \frac{b}{a} \cdot \frac{c}{a}} = 3\sqrt[3]{abc} \geq 3 \quad \cdots\cdots ④$$

$$\frac{a+b+c}{a^3+\frac{b}{a}+\frac{c}{a}} \leq \frac{a+b+c}{3}$$

よって $\dfrac{a^5-a^2}{a^4+b+c} \geq a - \dfrac{a+b+c}{3}$ $\quad\cdots\cdots ⑤$

となり，同様に

$$\frac{b^5-b^2}{b^4+c+a} \geq b - \frac{a+b+c}{3} \quad\cdots\cdots ⑥$$

$$\frac{c^5-c^2}{c^4+a+b} \geq c - \frac{a+b+c}{3} \quad\cdots\cdots ⑦$$

⑤，⑥，⑦を加えると証明すべき不等式を得る．④の等号成立条件は $a^3 = \dfrac{b}{a} = \dfrac{c}{a}$, $abc=1$ である．$b=a^4$, $c=a^4$, $abc=1$ で，b, c を消去すると $a^9=1$ で，$a=1$ となる．$a=1$, $b=1$, $c=1$ となる．

《素因数の振り分け》

16. 以下, a, b は自然数とし, a, b の最小公倍数を L とする. たとえば, a, b を素因数分解し, $a = 2^3 \cdot 3 \cdot 5$, $b = 2^2 \cdot 3^2 \cdot 7$ のとき, a, b の最大公約数は $2^2 \cdot 3$ で, a, b は両方ともこれを公約数にもつ. これを図1の◯におき, それ以外に a がもつ $2 \cdot 5$ を ◖ におき, b がもつ $3 \cdot 7$ を ◗ におくと考える. すると, $a = (2 \cdot 5) \cdot (2^2 \cdot 3)$, $b = (2^2 \cdot 3) \cdot (3 \cdot 7)$ で, $L = (2 \cdot 5) \cdot (2^2 \cdot 3) \cdot (3 \cdot 7)$ が成り立つ. $a = 2, b = 6$ のときは図2のように考え, ◖ には入るべき素因数がないから, そこには1を記入することにする. 必要があれば, この考え方をヒントにして, 次の問いに答えよ.

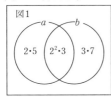
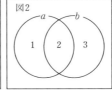

(1) 2310 を素因数分解すると ☐ となる.
次に, $L = 2310$ になるような a, b について (a, b) は ☐ 通りある. ただし, たとえば $(a, b) = (1, 2310)$ と $(a, b) = (2310, 1)$ は異なる組であると考える. この区別は以下の設問でも適用する.

（2） x, y, z は0以上の整数で，$x + y + z = 4$ を満たすとき，(x, y, z) は□通りある．ただし，たとえば $(x, y, z) = (4, 0, 0), (0, 0, 4)$ は異なる組である．

（3） $L = 1680$ になるような a, b について (a, b) は□通りある．

(25 久留米大・推薦)

問題文に，その後使われていない G があったから削除した．設問の選択で G を使う設問が捨てられたらしい．(3)は(2)を完全に利用するわけではないから注意が必要である．

▶解答◀ （1） $2310 = 2 \cdot 3 \cdot 5 \cdot 7 \cdot 11$

2, 3, 5, 7, 11 を $($, $()$, $)$ のどこにおくかで3通りずつあるから，(a, b) は全部で $3^5 = \mathbf{243}$ 通りある．

（2） ○を4個と仕切り | を2本並べる．1本目の仕切りから左の○の個数を x，1本目と2本目の仕切りの間の○の個数を y，残りの○の個数を z とする．たとえば |○|○○○ となると，$x = 0, y = 1, z = 3$ となる．○と仕切りの順列は全部で ${}_6C_2 = \dfrac{6 \cdot 5}{2} = \mathbf{15}$ 通りある．

（3） $1680 = 2^4 \cdot 3 \cdot 5 \cdot 7$

4個の2を $($, $()$, $)$ に順に x 個，y 個，z 個おくと考えると，組 (x, y, z) は全部で(2)より 15 通りあると思えるが，注意が必要である．たとえば $x = 1, y = 1, z = 2$ で $a = 2^x \cdot 2^y \cdot 3, b = 2^y \cdot 2^z \cdot 5 \cdot 7$ とすると，2^x の分は a, b で共通になっているから，これは 2^y に組み込むべきで，$x = 0, y = 2, z = 2$ に変更

した $a = 2^2 \cdot 3, b = 2^2 \cdot 2^2 \cdot 5 \cdot 7$ が正しい状態である. つまり, x, z の少なくとも一方は 0 である.

$x = 0, z = 0$ のとき $(x, y, z) = (0, 4, 0)$

$x = 0, z \neq 0$ のとき $y + z = 4$ で,
$(y, z) = (3, 1), (2, 2), (1, 3), (0, 4)$ の 4 通りある.

$x \neq 0, z = 0$ のときも 4 通りある.

$x + y + z = 4$ になる (x, y, z) は全部で 9 通りある.

$3, 5, 7$ を $(,\ (),\ )$ のどこにおくかを考え, (a, b) は $9 \cdot 3^3 = \mathbf{243}$ 通りある.

═══《範囲を絞れ》═══

17. k は整数であり，3次方程式 $x^3 - 13x + k = 0$ は3つの異なる整数解をもつ．k とこれらの整数解を求めよ． (05 一橋大)

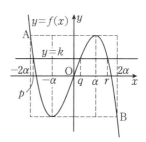

「3次関数は箱入り娘」に関しては旧版82番にも取り上げた．3次関数の特性を使うと範囲が決まる．第一手は「文字定数は分離」である．整数問題では，因数分解の活用，剰余による分類，範囲を絞る，などの解法がある．

▶解答◀ $k = 13x - x^3$ となる．$f(x) = 13x - x^3$ とおく．$f'(x) = 13 - 3x^2$ である．$f'(x) = 0$ を解くと $x = \pm\sqrt{\dfrac{13}{3}}$ となり，$\alpha = \sqrt{\dfrac{13}{3}}$ とおく．

$$\alpha = \sqrt{\dfrac{13}{3}} < \sqrt{5} = 2.23\cdots < 2.5$$

よって $2\alpha < 5$ である．$f(x) = k$ が3実数解をもつとき，解を p, q, r とおく．ただし，まず $p \leqq q \leqq r$ とする．解と係数の関係から $p + q + r = 0$ である．k を $f(\alpha)$ に近づけていくと q, r は α に近づくから，p は -2α に近づく．これで図のAの x 座標がわかる．また，k を $f(-\alpha)$ に近づけていくと p, q は $-\alpha$ に近づくから，r は 2α に近づく．これで図のBの x 座標がわかる．

さて，3つの整数解は相異なるから，$-2\alpha < x < 2\alpha$ にある．整数解は $-4 \leqq x \leqq 4$ にある．

$$f(-4) = 12, f(-3) = -12, f(-2) = -18$$
$$f(-1) = -12, f(0) = 0, f(1) = 12$$
$$f(2) = 18, f(3) = 12, f(4) = -12$$

$f(x) = k$ の解が異なる3つの整数になる k は $k = \pm 12$

$k = 12$ のとき $x = -4, 1, 3$

$k = -12$ のとき $x = 4, -1, -3$

♦別解♦ 3整数解を p, q, r とする．解と係数で

$$p + q + r = 0 \quad \cdots\cdots ①$$
$$pq + qr + rp = -13 \quad \cdots\cdots ②$$
$$pqr = -k \quad \cdots\cdots ③$$

①，②で解が決まり，③で k が決まると考え，③を使うのは，最後である．p, q, r は異なり，①だから，正の解と負の解が存在する．$p < 0 < r$ としてもよい．②より $(p+r)q + pr = -13$ となり，これに $q = -p - r$ を代入すると $-(p+r)^2 + pr = -13$

$$p^2 + pr + r^2 - 13 = 0$$

これを p について解くと $p = \dfrac{-r \pm \sqrt{52 - 3r^2}}{2}$ となる．$52 - 3r^2 \geqq 0$ だから，$r > 0$ と合わせて

$$0 < r \leqq \sqrt{\dfrac{52}{3}} < \sqrt{25} = 5$$

である．r は整数だから $r = 1, 2, 3, 4$ のいずれかである．後は代入して調べるだけである．以後省略する．

【楕円型】$ac \neq 0$ の2次曲線
$ax^2 + bxy + cy^2$
　$+ dx + ey + f = 0$ で
$b^2 - 4ac < 0$ のとき楕円
を表す．係数が整数のとき
の整数解 x, y を考える不
定方程式は楕円型と呼ば
れる．p, r が実数のとき
$p^2 + pr + r^2 - 13 = 0$ は斜めの楕円である．

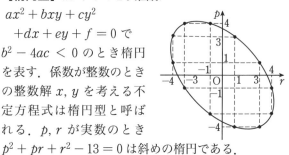

【上の問題の改作問題】 連立方程式
$$\begin{cases} x^2 = yz + 7 \\ y^2 = zx + 7 \\ z^2 = xy + 7 \end{cases}$$
を満たす整数の組 (x, y, z) で $x \leqq y \leqq z$ となる
ものを求めよ． 　　　　　　（17　一橋大・前期）

答えだけ示す．$(\boldsymbol{x}, \boldsymbol{y}, \boldsymbol{z}) = (-3, 1, 2), (-2, -1, 3)$

=== 《放物型の不定方程式》 ===

18. n を 2 以上 20 以下の整数, k を 1 以上 $n-1$ 以下の整数とする. $_{n+2}C_{k+1} = 2(_nC_{k-1} + _nC_{k+1})$ が成り立つような整数の組 (n, k) を求めよ.

(23 一橋大)

整数変数の x, y が $ax^2+bxy+cy^2+dx+ey+f=0$ の形の式を満たす場合, 2 次の不定方程式という. 曲線としてみれば双曲線が多いが本問は放物線である.

▶**解答**◀ 二項係数を階乗で表して

$$\frac{(n+2)!}{(k+1)!(n-k+1)!} = 2\left\{\frac{n!}{(k-1)!(n-k+1)!} + \frac{n!}{(k+1)!(n-k-1)!}\right\}$$

両辺に $\dfrac{(k+1)!(n-k+1)!}{n!}$ をかけて

$(n+2)(n+1) = 2\{(k+1)k + (n-k+1)(n-k)\}$

$n^2 + 3n + 2 = 2(2k^2 - 2nk + n^2 + n)$

$4k^2 - 4nk + n^2 - n - 2 = 0$

これを k について解いて

$$k = \frac{2n \pm \sqrt{4n+8}}{4} = \frac{n \pm \sqrt{n+2}}{2} \quad \cdots\cdots\text{①}$$

n, k は自然数であるから, $\sqrt{n+2}$ も自然数で

$n + 2 = m^2$ (m は自然数)

と書ける. $n = m^2 - 2$ で, $2 \leq n \leq 20$ であるから

$(m, n) = (2, 2), (3, 7), (4, 14)$

① より $k = \dfrac{n \pm m}{2}$ であることを用いる.

$(m, n) = (2, 2)$ のとき，$k = \dfrac{2 \pm 2}{2} = 2, 0$ であり，これらは $1 \leqq k \leqq n-1$ に反する．

$(m, n) = (3, 7)$ のとき，$k = \dfrac{7 \pm 3}{2} = 5, 2$ であり，これらは $1 \leqq k \leqq n-1$ を満たす．

$(m, n) = (4, 14)$ のとき，$k = \dfrac{14 \pm 4}{2} = 9, 5$ であり，これらは $1 \leqq k \leqq n-1$ を満たす．

$$(n, k) = (7, 5), (7, 2), (14, 9), (14, 5)$$

注意 【放物型】曲線 $y = \dfrac{x \pm \sqrt{x+2}}{2}$ は斜めの放物線である．

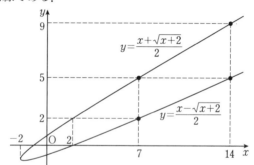

=== 《らくだの問題》 ===

19. P氏は N 頭のらくだを3人の息子で分けるように遺言して亡くなった．その遺言によれば N の x 分の1, y 分の1, z 分の1 (x, y, z は自然数で $x > y > z$ とする) が息子達の相続するらくだの数である．ただし，N は x, y, z のいずれの倍数でもない．$\dfrac{1}{x} + \dfrac{1}{y} + \dfrac{1}{z} = 1$ でないので3人が悩んでいると，通りがかりの旅人がよい工夫を思いついた．旅人のらくだを1頭加え $N+1$ を遺言の率に従って分割すれば，うまく分割でき，1頭余る．したがって旅人はなんの損得もうけないという案である．3人は喜んでこの提案を受け入れた．たとえば $N = 11, (x, y, z) = (6, 4, 2)$ はこの場合である．さて，ほかにどのような N の値があり得るか．12以上の N を小さい順に並べると $N = \square, \square, \square, \square$ である．

(05　慶應大・総合政策)

$\dfrac{1}{x} + \dfrac{1}{y} + \dfrac{1}{z} = 1$ を満たす自然数 x, y, z を求める問題は基本である．大昔には高校入試にすら出題された．2023年には突然あちこちで復活した．分母をはらい $xy + yz + zx = xyz$ にし，$(y+z)x = yz(x-1)$ などとして，大抵は諦めるが，中には $x = yz, y \mid z - x - 1$ かもしれないと見当をつけ，$x = 6, y = 3, z = 2$ を見つけたりする人もいる．こうした方法ですべてを見つけることは困難だし，他にないことを論証することはできな

い．可能性として，x, y, z が細かく分かれることもありうる．大小設定を利用して不等式で挟むのが定石である．なお，分数式は次数を低くする変形が定石である．

$$\frac{ax+b}{cx+d} = \frac{\dfrac{a}{c}(cx+d)+b-\dfrac{ad}{c}}{cx+d}$$
$$= \frac{a}{c} + \frac{bc-ad}{c(cx+d)}$$

▶解答◀　題意の条件は次の 4 つである．

$$\frac{N+1}{x} + \frac{N+1}{y} + \frac{N+1}{z} = N \quad \cdots\cdots\cdots ①$$

$\dfrac{N+1}{x}, \dfrac{N+1}{y}, \dfrac{N+1}{z}$ は自然数 $\cdots\cdots\cdots\cdots\cdots ②$

x, y, z は自然数で $x > y > z$ $\cdots\cdots\cdots\cdots\cdots\cdots\cdots ③$

N は x, y, z の倍数ではない $\cdots\cdots\cdots\cdots\cdots\cdots\cdots ④$

① より

$$\frac{1}{x} + \frac{1}{y} + \frac{1}{z} = \frac{N}{N+1}$$

$$\frac{1}{x} + \frac{1}{y} + \frac{1}{z} = 1 - \frac{1}{N+1}$$

$$\frac{1}{N+1} + \frac{1}{x} + \frac{1}{y} + \frac{1}{z} = 1$$

② より $N+1 \geqq x$ である．③，④ と合わせて

$$N+1 \geqq x > y > z \geqq 2$$

である．$w = N+1$ とおくと $w \geqq 13$ であり，

$$\frac{1}{w} + \frac{1}{x} + \frac{1}{y} + \frac{1}{z} = 1 \quad \cdots\cdots\cdots\cdots\cdots ⑤$$

$$w \geqq x > y > z \geqq 2 \quad \cdots\cdots\cdots\cdots\cdots\cdots\cdots ⑥$$

である．

$$\frac{1}{w} \leq \frac{1}{x} < \frac{1}{y} < \frac{1}{z}$$
$$1 = \frac{1}{w} + \frac{1}{x} + \frac{1}{y} + \frac{1}{z} < \frac{1}{z} \cdot 4$$

$1 < \frac{4}{z}$ より $2 \leq z < 4$ である．$z = 2$ または 3 である．

（ア） $z = 2$ のとき．⑤, ⑥ より $\frac{1}{w} + \frac{1}{x} + \frac{1}{y} = \frac{1}{2}$

$w \geq x > y > 2$ となる．

$$\frac{1}{2} = \frac{1}{w} + \frac{1}{x} + \frac{1}{y} < \frac{3}{y}$$

$2 = z < y < 6$ となり $y = 3, 4, 5$ のいずれかである．

(a) $y = 3$ のとき．$\frac{1}{x} + \frac{1}{w} = \frac{1}{6}$

$$6w + 6x = xw$$
$$(x-6)(w-6) = 36$$

ここで $\frac{1}{x} < \frac{1}{x} + \frac{1}{w} = \frac{1}{6}$ であるから $x > 6$ となる．
$w - 6 \geq 7$, $w - 6 \geq x - 6 > 0$

$$\begin{pmatrix} x-6 \\ w-6 \end{pmatrix} = \begin{pmatrix} 1 \\ 36 \end{pmatrix}, \begin{pmatrix} 2 \\ 18 \end{pmatrix}, \begin{pmatrix} 3 \\ 12 \end{pmatrix}, \begin{pmatrix} 4 \\ 9 \end{pmatrix}$$

$$\begin{pmatrix} x \\ w \end{pmatrix} = \begin{pmatrix} 7 \\ 42 \end{pmatrix}, \begin{pmatrix} 8 \\ 24 \end{pmatrix}, \begin{pmatrix} 9 \\ 18 \end{pmatrix}, \begin{pmatrix} 10 \\ 15 \end{pmatrix}$$

$$\begin{pmatrix} x \\ N \end{pmatrix} = \begin{pmatrix} 7 \\ 41 \end{pmatrix}, \begin{pmatrix} 8 \\ 23 \end{pmatrix}, \begin{pmatrix} 9 \\ 17 \end{pmatrix}, \begin{pmatrix} 10 \\ 14 \end{pmatrix}$$

④ に注意する．$z = 2$, $y = 3$ である．$N = 14$ は $z = 2$ で割り切れ，不適である．$N = 41, 23, 17$ は適す．空欄は 4 つだから，あと 1 つ見つける．

(b) $y=4$ のとき. $\dfrac{1}{x}+\dfrac{1}{w}=\dfrac{1}{4}$

$\qquad 4w+4x=xw$

$\qquad (x-4)(w-4)=16$

$w \geqq x > y = 4$ より $w-4 \geqq 9$, $w-4 \geqq x-4 \geqq 1$

$(x-4, w-4)=(1, 16)$ で, $x=5, w=20$ となり, $N=19$ である. $N=19$ は $x=5, z=2, y=4$ で割り切れず, 適する.

　以上で実質終わりだから $N=\mathbf{17, 19, 23, 41}$

　本当は, $y=5$ のケースと $z=3$ のケースが残る.

(c) $y=5$ のとき. $w \geqq x > y = 5$

$\qquad \dfrac{1}{x}+\dfrac{1}{w}=\dfrac{3}{10}$

$w \geqq 13, x \geqq 6$

$\qquad \dfrac{3}{10}=\dfrac{1}{x}+\dfrac{1}{w} \leqq \dfrac{1}{6}+\dfrac{1}{13}=\dfrac{19}{78}<\dfrac{3}{10}$

となり, 不適である.

(イ) $z=3$ のとき

$\qquad \dfrac{1}{x}+\dfrac{1}{y}+\dfrac{1}{w}=\dfrac{2}{3}$

$\qquad w \geqq x > y > z = 3$

$w \geqq 13, x \geqq 5, y \geqq 4$

$\qquad \dfrac{2}{3}=\dfrac{1}{x}+\dfrac{1}{y}+\dfrac{1}{w} \leqq \dfrac{1}{4}+\dfrac{1}{5}+\dfrac{1}{13}=\dfrac{137}{260}<\dfrac{2}{3}$

となり, 不適である.

═══ 《最大公約数の問題》 ═══

20. 3つの正の整数 a, b, c の最大公約数が 1 であるとき,次の問いに答えよ.

(1) $a+b+c$, $bc+ca+ab$, abc の最大公約数は 1 であることを示せ.

(2) $a+b+c$, $a^2+b^2+c^2$, $a^3+b^3+c^3$ の最大公約数となるような正の整数をすべて求めよ.

(22 東工大)

2020 年代,いろいろな大学で最大公約数の難問が続いた.1つだけ収録する.例えば,24, 36, 60 の最大公約数は 12 である.24, 36, 60 はすべて 12 の倍数である.「24, 36, 60 はすべて g の倍数である」という g は 1, 2, 3, 4, 6, 12 の中にあるが,その中で一番大きいものが最大公約数 12 である.正の整数 X, Y, Z の最大公約数を G とすると,もし,X, Y, Z がすべて g の倍数であるならば,$G \geqq g$ になる.

▶解答◀ 以下,文字はすべて整数とする.

(1) $a+b+c = A$, $bc+ca+ab = B$, $abc = C$ とおく.A, B, C が共通の素因数 p をもつと仮定する.このとき

$$a+b+c = pA', \quad bc+ca+ab = pB', \quad abc = pC'$$

とおける.ここで,a, b, c は 3 次方程式

$$x^3 - Ax^2 + Bx - C = 0$$

すなわち
$$x^3 - pA'x^2 + pB'x - pC' = 0$$
の解である．$x = a$ とすると
$$a^3 = p(A'a^2 - B'a + C')$$
右辺は p の倍数であるから，左辺も p の倍数となる．すなわち a は p の倍数である．同様に，b, c も p の倍数になり，a, b, c の最大公約数が 1 であることに矛盾する．よって，$a+b+c, bc+ca+ab, abc$ の最大公約数は 1 である．

（**2**） $D = a^2 + b^2 + c^2$，$E = a^3 + b^3 + c^3$ とおく．また，A, D, E の最大公約数を G とする．A, D, E はすべて G の倍数である．以下は $G > 1$ のときを考える．
$a^2 + b^2 + c^2 - (a+b+c)^2 = -2(ab+bc+ca)$
となり，$D - A^2 = -2B$ で左辺は G の倍数であるから $2B$ も G の倍数である．
$a^3 + b^3 + c^3 - 3abc$
$= (a+b+c)(a^2+b^2+c^2-ab-bc-ca)$
であるから $E - A(D-B) = 3C$
であり，$3C$ も G の倍数である．$A, 2B, 3C$ の最大公約数を g とする．$A, 2B, 3C$ はすべて G の倍数であるから，$g \geqq G$ である．

$D = A^2 - 2B$，$E = A(D-B) + 3C$ で右辺は g の倍数であるから D, E も g の倍数である．A, D, E の最大公約数は G であるから $G \geqq g$ である．

$g \geqq G$，$G \geqq g$ から $G = g$ となる．

$A, 2B, 3C$ の最大公約数 $G > 1$ を考える．しつこいが，こうなる $G > 1$ があるときの話である．

A, B, C の最大公約数は 1 だから，A, B, C 全体に共通な素因数はない．新たに 2, 3 が 1 個だけ加わることによって $G > 1$ が生み出されるから，G は 2, 3, 6 のいずれかである．

$f(a, b, c) = (A, B, C, 2B, 3C)$ とする．「A, B, C の最大公約数が 1」と「$A, 2B, 3C$ の最大公約数が G」を確認する．

$f(1, 1, 1) = (3, 3, 1, 6, 3),\ G = 3$

$f(1, 1, 3) = (5, 7, 3, 14, 9),\ G = 1$

$f(1, 2, 3) = (6, 11, 6, 22, 18),\ G = 2$

$f(1, 1, 4) = (6, 9, 4, 18, 12),\ G = 6$

であるから，A, D, E の最大公約数となるような正の整数は **1, 2, 3, 6** である．

===《立方体の塗り分け・場合の数》===

21. 立方体の6つの面を,辺をはさんで隣接する面が違う色になるように塗り分ける方法が何通りあるかを考える.但し,立方体を回転して同じになるものは1通りと考える.次の問いに答えなさい.
(1) ちょうど6色を使って塗り分ける場合,方法は□通り存在する.
(2) ちょうど5色を使って塗り分ける場合,方法は□通り存在する.
(3) ちょうど4色を使って塗り分ける場合,方法は□通り存在する.
(4) ちょうど3色を使って塗り分ける場合,方法は□通り存在する.
(5) 7色のうち,どの色を何色でも使って塗り分けてもよい場合,方法は□通り存在する.

(24 大阪学院大)

▶解答◀ 大学受験では,円順列なら,1個しかないものを固定する.立方体でも1個しかない色を塗って,固定していく.図1のように,仮に机の上に立方体を置く.6つの面に $a \sim f$ の名前をつける.実際には面には名前はなく,説明のためにつけただけである.立方体がゴムで出来ているとして,底には穴をあけて広げて,潰し,ペチャンコにする.使う色に $1, 2, 3, \cdots, k$ と番号を付ける.a に1を塗ることを $a = 1$ と書くことにする.他も同様とする.順序対 (a, b, c, d, e, f) の個数の総数を N_k とする.ただし,立方体を回転して同じになる (a, b, c, d, e, f) は同一とみなす.

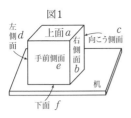

(1) 1〜6 の色を使う．$a=1$ としてよい．$f=2$〜6 の 5 通りのうちの $f=2$ のとき，b, c, d, e に 3, 4, 5, 6 を塗る．これは 4 色の円順列と考えることができる．$b=3$ としてよく，(c, d, e) は 3! 通りある．図 3 の $c=5, d=4, e=6$ は一例である．$N_6 = 5 \cdot 6 = \mathbf{30}$

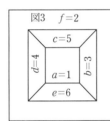
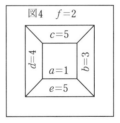

(2) 1〜5 の色を使う．どれかを 2 面に使う．どれを 2 面に使うかで 5 通りある．その色は対面で使う．以下は 5 を 2 面に使うときを記述する．$a=1$ としてよく，$f=2$〜4 の 3 通りあり，$f=2$ のときは（図 4 を見よ），b, c, d, e には，3, 4, 5, 5 を塗る．3, 4 を対面で，5, 5 を対面で使うから $c=e=5, b=3, d=4$ としてよい．$N_5 = 5 \cdot 3 = \mathbf{15}$

（ 3 ） 1〜4 の色を使う．どれか 2 色を 2 面ずつに使う．どれを 2 面に使うかで，その 2 色の組み合わせは $_4C_2 = 6$ 通りある．以下はそれが 3 と 4 のときを書く．1 と 2 は 1 面ずつに使うから $a=1, f=2$ としてよい．$b=d=3, c=e=4$ としてよい．$N_4 = \mathbf{6}$

（ 4 ） 3 色で塗るときは対面で同じ色を塗る．$N_3 = \mathbf{1}$

（ 5 ） 1〜7 から k 色を選び，それを塗ると考え，答えは
$_7C_6 \cdot N_6 + {_7C_5} \cdot N_5 + {_7C_4} \cdot N_4 + {_7C_3} \cdot N_3$
$= 7 \cdot 30 + 21 \cdot 15 + 35 \cdot 6 + 35 = \mathbf{770}$

《ソーシャルディスタンス》

22. ある飲食店には横一列に並んだカウンター席が10席あるが,客は互いに2席以上空けて座らなければならない.
(1) 同時に座ることのできる最大の客数を求めなさい.
(2) 客が2名のとき,席の空き方は何通りあるか.
(3) 客が1名以上のとき,席の空き方は全部で何通りあるか. (21 龍谷大・先端理工・推薦)

コロナの騒動になり,ソーシャルディスタンスという奇妙な言葉が飛び交った.2021年には,東大文科などで多くの類題が出題された.以下では,客が座る席を着席,客が座らない席を空席と呼ぶ.ここでは空席と着席の列が何通りあるかということである.

▶**解答**◀ 客の座席を○,空席を×と表す.
(1) 同時に座ることのできる客数が最大となるのは,

$$○××○××○××○$$

となる場合であるから,求める客数は **4人** である.
(2) 10個の席に左から $1, \cdots, 10$ と番号をつける.客が座る座席の番号を $x, y\ (1 \leq x < y \leq 10)$ とする.2席以上空けるという条件は $y - x \geq 3\ (y - x > 2)$ ということであり, $1 \leq x < y - 2 \leq 8$ となる.
$1, \cdots, 8$ から異なる2数を選ぶ組合せを考え, (x, y) は $_8C_2 = \dfrac{8 \cdot 7}{2 \cdot 1} = \mathbf{28}$ 通りある.

```
              3以上離れている
       1    x‾‾‾‾‾‾‾‾‾‾y      10
              1以上    /2ずらす/
       1    x‾‾‾‾‾y-2    8
```

（3）（ア）客が1名のとき，10通り．
（イ）客が2名のとき，（2）より28通り．
（ウ）客が3名のとき，客が座る席の番号を x, y, z
（$1 \leqq x < y < z \leqq 10, y-x > 2, z-y > 2$）とする．
$1 \leqq x < y-2 < z-4 \leqq 6$ だから (x, y, z) の個数は
$$_6C_3 = \frac{6 \cdot 5 \cdot 4}{3 \cdot 2 \cdot 1} = 20$$
（エ）客が4名のとき，（1）より1通り．

以上より求める総数は $10 + 28 + 20 + 1 =$ **59** 通り．

♦別解♦ （2）もっと地道に調べる方法もある．
$x=1$ のとき，$y=4, \cdots, 10$ の7通り．
$x=2$ のとき，$y=5, \cdots, 10$ の6通り．
これを続け，(x, y) の個数は
$$7 + 6 + \cdots + 1 = \frac{1}{2} \cdot 7 \cdot 8 = 28$$
（3）（ウ）$x=1, y=4$ のとき，$z=7, \cdots, 10$ の4通り．$x=1, y=5$ のとき，$z=8, 9, 10$ の3通り．
これを続け，$x=1$ のとき (y, z) の個数は $4+3+2+1$
$x=2$ のとき (y, z) の個数は $3+2+1$
これを続け，(x, y, z) の個数は
$$(4+3+2+1) + (3+2+1) + (2+1) + 1 = 20$$

♦別解♦ （2） 2つの着席と空席を，空席 x 個，着席，空席 y 個，着席，空席 z 個と考える．

$$x+y+z=8, x \geq 0, y \geq 2, z \geq 0$$

となるから

$$(x+1)+(y-1)+(z+1)=9,$$
$$x+1 \geq 1, y-1 \geq 1, z+1 \geq 1$$

となる．ボールを9個並べ，その間から2カ所を選んで仕切りを入れ，1本目から左のボールの個数を $x+1$，2本の仕切りの間のボールの個数を $y-1$，残りの個数を $z+1$ とする．たとえば

○○｜○○○｜○○○○

の場合は $x+1=2, y-1=3, z+1=4$ となる．自然数解 $(x+1, y-1, z+1)$ の個数は，ボールの間（8カ所ある）から2カ所を選んで仕切りを突っ込むと考え，$_8C_2$ 通りある．

注意 1°【一般解】

カウンターが n 席あって，k 人座る場合を考える．ただし，**ここでは $k \geq 0$ とするから少し違うので注意せよ．**

$k \geq 2$ のとき，着席を左から $C_1, C_2, C_3, \cdots, C_k$ とし，この両端と着席の間に空席を突っ込む．C_1 の左に突っ込む空席の数を x_0，C_1 と C_2 の間に突っ込む空席の数を x_1，C_2 と C_3 の間に突っ込む空席の数を x_2，C_{k-1} と C_k の間に突っ込む空席の数を x_{k-1}，C_k の右に突っ込む空席の数を x_k とする．

$$\begin{array}{cccccccc}
x_0 & x_1 & x_2 & x_3 & x_4 & \cdots\cdots & x_{k-1} & x_k \\
\downarrow & \downarrow & \downarrow & \downarrow & \downarrow & & \downarrow & \downarrow \\
& C_1 & C_2 & C_3 & C_4 & \cdots\cdots & C_{k-1} & C_k
\end{array}$$

$x_0 \geqq 0,\ x_1 \geqq 2,\ x_2 \geqq 2,\ \cdots,\ x_{k-1} \geqq 2,\ x_k \geqq 0$

$x_0 + \cdots + x_k = n - k$

である．x_0, x_k には 1 を加え，他は 1 を引いて

$x_0 + 1 \geqq 1,\ x_1 - 1 \geqq 1,\ \cdots,\ x_{k-1} - 1 \geqq 1,\ x_k + 1 \geqq 1$

$(x_0 + 1) + (x_1 - 1) + \cdots + (x_{k-1} - 1) + (x_k + 1)$
$\qquad = n - k + 2 - (k - 1)$

となる．この自然数解 $(x_0 + 1, x_1 - 1, \cdots, x_{k-1} - 1, x_k + 1)$ の個数を求める．これは○を $n - 2k + 3$ 個並べ，その間 ($n - 2k + 2$ カ所ある) から k カ所を選んで仕切りを入れ，1 本目から左の○の個数を $x_0 + 1$，1 本目と 2 本目の仕切りの間の○の個数を $x_1 - 1$，$\cdots$，$k-1$ 本目と k 本目の仕切りの間の○の個数を $x_{k-1} - 1$，k 本目の仕切りの右の○の個数を $x_k + 1$ とすると考え，${}_{n+2-2k}C_k$ 通りある．結果は $k = 0$ (1 通り)，$k = 1$ のとき (n 通り) の場合にも成り立つ．

$n + 2 - 2k \geqq k$ より $k \leqq \dfrac{n+2}{3}$ となる．k は整数であるから $0 \leqq k \leqq \left[\dfrac{n+2}{3}\right]$ となる．空席と着席の列の総数を $f(n)$ とする．

$$f(n) = \sum_{k=0}^{\left[\frac{n+2}{3}\right]} {}_{n+2-2k}C_k$$

である．$[x]$ は x の整数部分を表す．

2° **【漸化式】**ここでも $k=0$ を許すとする．着席を C，空席を K で表す．n 席の場合の C, K の列（総数は $f(n)$ 通り）は，左端が K の場合は $f(n-1)$ 通りあり，左端が C の場合は，左から3つがCKKで，後 $n-3$ 個の列が $f(n-3)$ 通りある．

$f(n) = f(n-1) + f(n-3)$

$f(1) = 2, f(2) = 3, f(3) = 4$

となる．2, 3, 4, 6, 9, 13, 19, 28, 41, 60 となる．$k \geq 1$ の場合は $k=0$ の場合を引いて $60-1=59$ が答えとなる．

━━《抽象化する》━━

23. 座標平面上に 8 本の直線
$x=a\,(a=1,2,3,4),\ y=b\,(b=1,2,3,4)$
がある．以下，16 個の点
$$(a, b)(a=1,2,3,4,\ \ b=1,2,3,4)$$
から異なる 5 個の点を選ぶことを考える．
（1） 次の条件を満たす 5 個の点の選び方は何通りあるか．上の 8 本の直線のうち，選んだ点を 1 個も含まないものがちょうど 2 本ある．
（2） 次の条件を満たす 5 個の点の選び方は何通りあるか．上の 8 本の直線は，いずれも選んだ点を少なくとも 1 個含む． (20 東大・文科)

「x 座標と y 座標で 1, 2, 3, 4 がすべて現れるのはかなり窮屈」だから（2）の方が簡単である．

▶解答◀ 直線 $x=1, x=2, x=3, x=4$ を l_1, l_2, l_3, l_4 とし，$y=1, y=2, y=3, y=4$ を m_1, m_2, m_3, m_4 とする．

（1） 「選んだ点を 1 個も含まない直線」を「空き直線」と呼ぶことにする．2 本の空き直線が

（ア） 縦 2 本のとき：その 2 本の組合せは ${}_4C_2=6$ 通りある．以下はそれが l_3, l_4 のときを考える．図 2 を見よ．l_1, l_2 上に 8 個の点があり，ここから 5 個の点を選ぶ組合せは ${}_8C_5={}_8C_3=\dfrac{8\cdot7\cdot6}{3\cdot2\cdot1}=56$ 通りある．

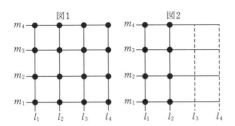

この中には, $l_1, l_2, m_1, m_2, m_3, m_4$ のうちで空き直線ができてしまうケースもある. しかし, l_1, l_2 上には4点しかないので, l_1 と l_2 は空き直線にはなり得ない. 空き直線は, m_1, m_2, m_3, m_4 のうちの1本である. 2本以上ではない. 以下は空き直線が m_4 のときを考える. 図3を見よ. 図3の6個の点から5個を選ぶ組合せは $_6C_5 = 6$ 通りある. 56通りのうち, 空き直線ができてしまうものは $4 \cdot 6 = 24$ 通りある.

よって, 空き直線が縦2本になる組合せは
$6 \cdot (56 - 24) = 192$ 通りある.

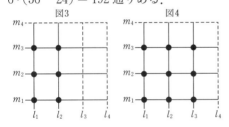

(イ) 横2本のとき:(ア)と同じで192通りある.
(ウ) 縦1本, 横1本のとき:その2本の組合せは
$4 \cdot 4 = 16$ 通りある. 以下はそれが l_4 と m_4 のときを考える. 図4の9個の点から5個の点を選ぶ組合せは
$_9C_5 = {}_9C_4 = \dfrac{9 \cdot 8 \cdot 7 \cdot 6}{4 \cdot 3 \cdot 2 \cdot 1} = 126$ 通りある.

この中には，$l_1, l_2, l_3, m_1, m_2, m_3$ のうちで空き直線ができてしまうケースもある．その直線が何かで6通りある．以下はそれが l_3 のときを考える．この場合は図3の6点から5点を選ぶ組合せを考えて $_6C_5 = 6$ 通りある．よって，空き直線が縦1本，横1本になる組合せは $16 \cdot (126 - 6 \cdot 6) = 1440$ 通りある．

空き直線がちょうど2本になる5点の組合せは

$$192 + 192 + 1440 = \mathbf{1824}(通り)$$

（2） 上と同じ方針を続けるのは大変である．もっと簡単な方法がある．5点を選ぶとき，x 座標だけを見ていくと5つの数字（勿論，重複がある）が使われ，y 座標だけを見ていくと5つの数字（重複がある）が使われる．本問で求められているのは，x 座標の方でも，y 座標の方でも，1, 2, 3, 4 がすべて使われるのは何通りあるかということである．このとき，x 座標の方では2回使われる数字が1つだけあり，y 座標の方でも2回使われる数字が1つだけある．これらが何かで $4 \cdot 4$ 通りの組合せがある．以下はそれがともに1のときを考える．他の場合も同様である．

$x :$　　1,　　1,　　2,　　3,　　4

$y :$　□,　□,　□,　□,　□

と書くことにする．空欄に 2, 3, 4, 1, 1 と入ったら，

$$(1, 2), (1, 3), (2, 4), (3, 1), (4, 1)$$

を選ぶと考える．5つの空欄に 1, 1, 2, 3, 4 を入れる順列は $\dfrac{5!}{2!}$ 通りあるが，この中には，左端の2つの空欄に 1, 1 を入れてしまうものが $3!$ 通りある．この場合は

$(1,1), (1,1)$ という同じ点を2度選んでしまっており，不適である．左端の2つの空欄に左から a, b を入れるとき，$\dfrac{5!}{2!} - 3!$ 通りの中には $a < b$ のケースと $a > b$ のケースが同数ずつあり，これは同じ場合であるから，求める個数は

$$\dfrac{\dfrac{5!}{2!} - 3!}{2} \cdot 4 \cdot 4 = (60 - 6) \cdot 8 = \mathbf{432}(通り)$$

《三角形の個数を数える》

24. n は3以上の整数とし，円周を n 等分する点を A_1, A_2, $\cdots$, A_n とする．これらの点の中から異なる3点を選び，それらを結んで作られる三角形を考える．3点の選び方は全部で□通りある．また，このような三角形の中で，n が偶数のとき，直角三角形となる点の選び方は□通りあり，鈍角三角形となる点の選び方は□通りある．さらに，n が奇数のとき，鈍角三角形となる点の選び方は□通りあり，鋭角三角形となる点の選び方は□通りある．

(17 同志社大・文系)

超頻出問題である．本書を執筆している 2024 年だけでも，一橋大，東大・文科 (四角形)，大阪教育大，兵庫県立大にある．しかし，ポイントになる数え方を知らないと，易しくはない．

▶解答◀ 答えを順に $N_1, \cdots, N_5$ とする．$A_1 \sim A_n$ を頂点と呼ぶ．左回りに $A_1 \sim A_n$ であるとする．回り方は最後の注意で使う．$A_1 \sim A_n$ から3点を選ぶ組合せは全部で

$$N_1 = {}_nC_3 = \frac{1}{6}n(n-1)(n-2) \text{(通り)}$$

ある．以下の直径は両端が頂点になるものである．

(ア) n が偶数のとき．

直角三角形について：図1を見よ．1本の直径の両端2点を選び ($\frac{n}{2}$ 通り)，他の $n-2$ 点のうちから1つを選ぶと考え，$N_2 = \frac{n}{2}(n-2) = \frac{1}{2}n(n-2)$

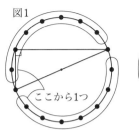
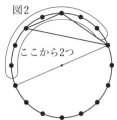

図1　ここから1つ

図2　ここから2つ

　鈍角三角形について：図2を見よ．1点を選び（n 通り），その点から左回りに半周未満の $\dfrac{n-2}{2}$ 個の点から2点を選ぶと考え，

$$n \cdot {}_{\frac{n-2}{2}}\mathrm{C}_2 = n \cdot \dfrac{1}{2} \cdot \dfrac{n-2}{2} \cdot \dfrac{n-4}{2}$$

$$N_3 = \dfrac{1}{8}n(n-2)(n-4)$$

ついでに，鋭角三角形の個数を N_6 とする．

$$\begin{aligned}
N_6 &= N_1 - N_2 - N_3 \\
&= \dfrac{1}{24}n(n-2)\{4(n-1) - 12 - 3(n-4)\} \\
&= \dfrac{1}{24}n(n-2)(n-4)
\end{aligned}$$

となり，$N_3 = 3N_6$，すなわち，n が偶数のときには，鈍角三角形の個数は鋭角三角形の個数の3倍である．この理由は最後に述べる．

（イ）n が奇数のとき．鈍角三角形について：1点を選び（n 通り），それから左回りに半周未満の $\dfrac{n-1}{2}$ 個の点から2点を選ぶと考え，

$$n \cdot {}_{\frac{n-1}{2}}\mathrm{C}_2 = n \cdot \dfrac{1}{2} \cdot \dfrac{n-1}{2} \cdot \dfrac{n-3}{2}$$

$$N_4 = \dfrac{1}{8}n(n-1)(n-3)$$

鋭角三角形について：直角三角形はできないから，
$$N_5 = N_1 - N_4 = \frac{1}{24}n(n-1)(n+1)$$

注意 【右回りも左回りも？】

「右回りも左回りも半周未満の両方で数えてもいいですよね？」と質問をする生徒がいる．分かっていない．正九角形 ABC…I で説明しよう．その方針だと順序対(最初の1点，{後の2点の組合せ})
は $9 \cdot {}_4C_2 \cdot 2$ 通り(最後の2は右回りと左回りの2通り)ある．{ }は2点の集合を表す．

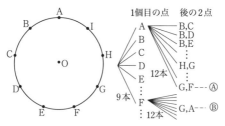

最初の1点として A，B，…，I のいずれかを選ぶ．質問者は，最初の1点として A を選ぶとき，後で選ぶ2点として {B, C}，…，{B, D}，…，{G, F} の12通りでもよいと主張する．$9 \cdot {}_4C_2 \cdot 2$ 通りの中には，最初の1点として F，後で選ぶ2点として {G, A} がある．樹形図でいえばⒶとⒷである．同じ三角形 FGA を二重に数えて不適である．

♦別解♦ n が奇数のとき,鋭角三角形の個数の別解を書く.50年前,書籍には次の解法が掲載されていた.m を自然数として,$n = 2m+1$ とおく.まず1点を選ぶ.この選択が n 通りある.それを A_i とし,こ

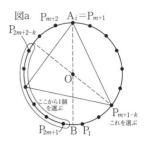

図a

れに P_{m+1} と新たな名前を振る.BP_{m+1} を円の直径とする.P_{m+1} から右回りに B の手前まで,頂点を $P_m, \cdots, P_1$ とし,P_{m+1-k} を選ぶ.P_{m+1} から左回りに B の手前まで,頂点を $P_{m+2}, \cdots, P_{2m+1}$ とする.$P_{2m+2-k}, \cdots$ から P_{2m+1} までの $2m+1-(2m+2-k)+1 = k$ 個の点の中から1点を選ぶ.この選択が k 通りある.鋭角三角形が

$$n \sum_{k=1}^{m} k = \frac{n}{2} m(m+1) = \frac{n}{2} \cdot \frac{n-1}{2} \cdot \frac{n+1}{2} \text{(通り)}$$

あると考えると早計である.たとえば $A_m A_{m+2} A_{2m+1}$ を選ぶとき,最初の A_i がどれかで,3通りある.三重に数えられているから3で割り,求める個数は

$$\frac{1}{3} \cdot \frac{n}{2} \cdot \frac{n-1}{2} \cdot \frac{n+1}{2} = \boldsymbol{\frac{1}{24} n(n-1)(n+1)} \text{(通り)}$$

である.しかし,この解法を書く多くの人が,添え字の振り直しをせずに「k 通り」とだけ書くから,どう数えているのか,伝わらない.50年前にこれを読んだ高校生の私は「下手な解法だ」と思った.いまだに,この下手な解法を指定する出題者がいるから,注意しておきたい.

【n が偶数のときの鋭角三角形の個数 N_6 について】

n が偶数のとき,直径(全部で $\frac{n}{2}$ 本ある)を 3 本選び(その組合せは ${}_{\frac{n}{2}}C_3 = \dfrac{\frac{n}{2}\left(\frac{n}{2}-1\right)\left(\frac{n}{2}-2\right)}{6}$ 通りある)その端を 1 つおきに結ぶと鋭角三角形が 2 つできるから,$N_6 = {}_{\frac{n}{2}}C_3 \cdot 2 = \dfrac{1}{24}n(n-2)(n-4)$

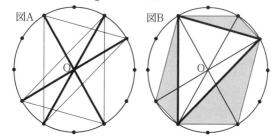

図A 図B

【n が偶数のときの $N_3 = 3N_6$ について】

図 B の太線の三角形(鋭角三角形)に影をつけた三角形(鈍角三角形)が 3 つ対応しているから,$N_3 = 3N_6$ である.

═══《かぶっちゃや～YO！》═══

25. おいしそうな料理が3品ある．5人がそれぞれ他の人にわからないように，どれかの一品を等確率で選び，他の人と違う料理を選んだ人だけがそれを食べることができる．

（1） 5人のうちの1人は太郎君である．太郎君が料理を食べることができる確率を求めよ．

（2） 料理を食べることができる人数が0, 1, 2である確率を p_0, p_1, p_2 とする．p_0, p_1, p_2 を求めよ．また料理を食べることができる人数の期待値を求めよ．
（07　松山大・薬）

『ぐるナイ』という番組にあった「かぶっちゃや～YO！」を題材とした問題である．人を a, b, c, d, e，料理を1, 2, 3とする．aが1を指定することを$a=1$と表す．たとえば a, b, c, d, e が順に1, 2, 3, 1, 2を指定することを $(a, b, c, d, e) = (1, 2, 3, 1, 2)$ と表す．

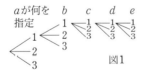

図1

aのとる値は$a = 1, 2, 3$のいずれかで，3通りある．b, c, d, e も3通りずつある．(a, b, c, d, e) は全部で $3^5 = 243$ 通りある．この243通りが等確率で起こる．図1の省略型樹形図で考える．各設問に合う枝を数える．

▶**解答**◀ （1） 太郎が料理を食べることができるのは，太郎が選ぶ料理を他の4人が選ばないときだから，太郎が料理を食べることができる確率は $\left(\dfrac{2}{3}\right)^4 = \dfrac{16}{81}$

（2） 人を a, b, c, d, e とし，料理を 1, 2, 3 とする．a が 1 を指定することを $a = 1$ と表す．他も同様とする．(a, b, c, d, e) は全部で $3^5 = 243$ 通りある．この 243 通りのいずれかが，等確率で起こる．同じものを指定することを「被(かぶ)る」という．

p_0 について．次のタイプがある．

（ア） 5人で被るとき．
$a = b = c = d = e = 1, a = b = c = d = e = 2, a = b = c = d = e = 3$ の 3 通りある．

（イ） 5人が2人と3人に分かれてそれぞれ被るとき．

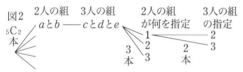

図2を見よ．2人の組合せは $_5C_2 = 10$ 通りある．たとえば，a と b がペアとなり，c と d と e が 3 人グループのとき，$a = b$ がどれかで，3 通りあり，それがたとえば $a = b = 1$ のとき，$c = d = e$ が 2, 3 のどれを指定するかで 2 通りある．2 人と 3 人に分かれて，それぞれ被るのは $_5C_2 \cdot 3 \cdot 2 = 60$ 通りある．誰も食べられないのは $3 + 60 = 63$ 通りあり，$p_0 = \dfrac{63}{243} = \dfrac{7}{27}$ である．

p_1 について．1人だけが食べられるとき，誰がで5通り，それがどの料理かで3通りある．たとえ

ば a が 1 を食べるとき,他の 4 人が被る.これには 2 つのタイプがある.

(ア) b, c, d, e が同じ値のとき,$b=c=d=e=2$,$b=c=d=e=3$ の 2 通りがある.

(イ) 4 人が,2 人と 2 人に分かれて,それぞれが,2 と 3 を指定するとき.決定木は図 3 を見よ.

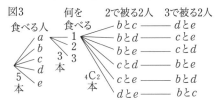

b と組になる人は c, d, e の 3 通りある.たとえば $b=c$ のとき,$b=c=2, d=e=3$(図 3 の上 3 本の枝)と,$b=c=3, d=e=2$(図 3 の下 3 本の枝)の場合がある.この場合の (b, c, d, e) は 6 通りある.1 人だけ食べられるのは $5 \cdot 3(2+6) = 120$ 通りあり,

$$p_1 = \frac{120}{243} = \frac{\mathbf{40}}{\mathbf{81}}$$

p_2 について.図 4 を見よ.食べる 2 人の組合せは $_5C_2 = 10$ 通りある.たとえば a と b が食べるとき a がどの料理を食べるかで,3 通りある.a が 1 を食べるとき,b がどの料理を食べるかで 2 通りある.残る 3 人は残る 1 つに集中して被る.2 人が食べるのは $_5C_2 \cdot 3 \cdot 2 = 10 \cdot 3 \cdot 2 = 60$ 通りあり,$p_2 = \frac{60}{243} = \frac{\mathbf{20}}{\mathbf{81}}$

食べることができる人数の期待値は

$$1 \cdot p_1 + 2 \cdot p_2 = \frac{40}{81} + 2 \cdot \frac{20}{81} = \frac{\mathbf{80}}{\mathbf{81}}$$

図4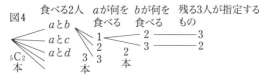

注意 【確率変数を使おう】

範囲は数学Bである．a が食べることができたら $X_a=1$，食べることができなければ $X_a=0$ とする．同様に $X_b, \cdots, X_e$ を定める．$X = X_a + \cdots + X_e$ とおくと，X は食べることができる人数を表す．

X_a 等は確率変数と呼ばれ，一般に確率変数 X, Y について，独立（関係がない）であっても従属（関係がある）であっても期待値について
$E(X+Y) = E(X) + E(Y)$ が成り立つ．

$$E(X_a) = 1 \cdot \frac{16}{81} + 0 \cdot \left(1 - \frac{16}{81}\right) = \frac{16}{81}$$

$$E(X) = E(X_a + \cdots + X_e)$$
$$= E(X_a) + \cdots + E(X_e) = 5 \cdot \frac{16}{81} = \mathbf{\frac{80}{81}}$$

《恋結び》

26. 赤色のひもが1本，青色のひもが1本，白色のひもが3本，全部で5本のひもがある．これらのひもの端を無作為に2つ選んで結び，まだ結ばれていない端からさらに無作為に2つ選んで結ぶ操作を行い，すべての端が結ばれるまで繰り返す．その結果，ひもの輪が1つ以上できる．次の問いに答えよ．

（1） 赤色と青色のひもが同一のひもの輪にある確率を求めよ．

（2） ひもの輪が1つだけできる確率を求めよ．

（17　藤田保健衛生大・推薦）

▶解答◀　赤，青，白3本の紐の端を，それぞれ R, r, B, b, $W_1, w_1, W_2, w_2, W_3, w_3$ とおく．本問は，紐の端を無作為に2つ選ぶから，例えばrと結ばれる可能性のある端点は9つあることに注意する．

（1）　赤と青が同一の輪にならないときを考える．

（ア）　赤が紐1本だけの輪になるとき．

rは他の端点9つのいずれかと結ばれる．それがRになる確率は $\frac{1}{9}$ である．

（イ）　赤が紐2本からなる輪に含まれるとき．

rが9個ある端のうちの，白紐のどれかと結ばれ（その確率は $\frac{6}{9}$）（例は図2）その結ばれた白紐の他端が結ばれる先が7つあるうちのRと結ばれる（確率 $\frac{1}{7}$）ときで，その確率は $\frac{6}{9} \cdot \frac{1}{7} = \frac{6}{9 \cdot 7}$ である．

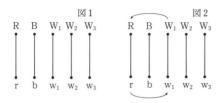

(ウ) 赤が紐3本からなる輪に含まれるとき．

(イ)と同様に考える．rが9個ある端のうちの，白紐のどれかと結ばれ（その確率は $\frac{6}{9}$），その結ばれた白紐の他端が結ばれる先が7つあるうちの白紐のどれかと結ばれ（その確率は $\frac{4}{7}$）その他端が結ばれる先が5つあるうちのRと結ばれるとき（その確率は $\frac{1}{5}$）である（例は図3）．その確率は $\frac{6}{9} \cdot \frac{4}{7} \cdot \frac{1}{5} = \frac{24}{9 \cdot 7 \cdot 5}$

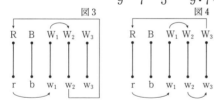

(エ) 赤が紐4本からなる輪に含まれるとき．

もう説明は不要だろう．上の思考を続ければよい（例は図4）．その確率は $\frac{6}{9} \cdot \frac{4}{7} \cdot \frac{2}{5} \cdot \frac{1}{3} = \frac{48}{9 \cdot 7 \cdot 5 \cdot 3}$

(ア)〜(エ)より，赤と青が同一の輪にならない確率は

$$\frac{1}{9} + \frac{6}{9 \cdot 7} + \frac{24}{9 \cdot 7 \cdot 5} + \frac{48}{9 \cdot 7 \cdot 5 \cdot 3}$$
$$= \frac{105 + 90 + 72 + 48}{9 \cdot 7 \cdot 5 \cdot 3} = \frac{315}{9 \cdot 7 \cdot 5 \cdot 3} = \frac{1}{3}$$

であり，求める確率は $1 - \frac{1}{3} = \mathbf{\frac{2}{3}}$

（2） rが9つあるうちのR以外と結ばれ（確率 $\frac{8}{9}$），その結ばれた紐の他端が，7つある先のR以外と結ばれ（確率 $\frac{6}{7}$），その結ばれた紐の他端が，5つある先のR以外と結ばれ（確率 $\frac{4}{5}$），その結ばれた紐の他端が，3つある先のR以外と結ばれ（確率 $\frac{2}{3}$），その結ばれた紐の他端がRと結ばれるときである（例は図5）．その確率は
$$\frac{8}{9} \cdot \frac{6}{7} \cdot \frac{4}{5} \cdot \frac{2}{3} = \mathbf{\frac{128}{315}}$$

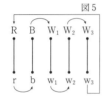

図5

═══《どこから連続が始まるか》═══

27. 選手Aが2人の選手B，Cと交互に対戦する．AがBに勝つ確率をp，AがCに勝つ確率をqとする．$p>q>0$のとき次の問に答えよ．

（1） Aが5回対戦して3回以上続けて勝つ確率はB，Cどちらと先に対戦を始めた方が大きくなるかを判定せよ．

（2） Aが5回対戦する間に少なくとも1度，2回以上続けて勝つ確率はB，Cどちらと先に対戦を始めた方が大きくなるかを判定せよ．

(04　名古屋市大・医)

某校舎で「今年，これを入試で受けた人」で30人くらいが手を挙げた．全員，(1)で5連勝する確率，4連勝する確率，3連勝する確率と，順に求め，間違えた．

「**どこから連勝が始まるか**」で分ける典型である．

▶解答◀　（1） BCBCBの順で対戦する場合にAが3連勝以上する確率をB_1，CBCBCの順で対戦する場合のそれをC_1とする．まずB_1を求める．どこから3連勝以上が始まるかで場合分けすると図1の3通りがある．○はAが勝つことを，×はAが負けることを，△はどちらでもよいことを表す．

$$B_1 = pqp + (1-p)qpq + (1-q)pqp$$
$$= pq(2p + q - 2pq)$$

```
       対戦相手：B C B C B
    Aが勝つ確率：p q p q p
                 ○○○△△
図1              ×○○○△
                 △×○○○
```

C_1 はこの p, q を入れ換えたもので

$$C_1 = pq(2q + p - 2pq)$$
$$B_1 - C_1 = pq(p-q) > 0$$

よってBから先に対戦を始めた場合のほうが大きい．

(**2**) BCBCBの順で対戦する場合にAが2連勝以上する確率を B_2，CBCBCの順で対戦する場合のそれを C_2 とする．

```
       対戦相手：B C B C B
    Aが勝つ確率：p q p q p
                 ○○△△△
                 ×○○△△
図2              △×○○△
                 □□×○○
```

まず B_2 を求める．どこから2連勝以上が始まるかで場合分けすると図2の場合がある．ただし最後の□□は少なくとも一方が×の場合（両方○○を除く）．○○×○○は一番上の場合に含まれているので除く．

$$B_2 = pq + (1-p)qp + (1-q)pq$$
$$\quad + (1-pq)(1-p)qp$$
$$= pq(4 - 2p - q - pq + p^2q)$$
$$C_2 = pq(4 - 2q - p - pq + q^2p)$$
$$B_2 - C_2 = pq\{q - p + pq(p - q)\}$$
$$= pq(q-p)(1-pq) < 0$$

よってCから先に対戦を始めた場合のほうが大きい．

注意 B_1 について：

5 連勝する確率：$pqpqp$ ……………………①
4 連勝する確率：$pqpq(1-p)$ ……………②
$\qquad\qquad\quad (1-p)qpqp$ ……………③
3 連勝する確率：$pqp(1-q)p$ ……………④
$\qquad\qquad\quad pqp(1-q)(1-p)$ ………⑤
$\qquad\qquad\quad (1-p)qpq(1-p)$ ………⑥
$\qquad\qquad\quad p(1-q)pqp$ ………………⑦
$\qquad\qquad\quad (1-p)(1-q)pqp$ …………⑧

知る限り，生徒は，ガンガン展開して，混乱していた．

① + ② = $pqpq$ ………………………………⑨
④ + ⑤ = $pqp(1-q)$ …………………………⑩
③ + ⑥ = $(1-p)qpq$ …………………………⑪
⑦ + ⑧ = $pqp(1-q)$ …………………………⑫
⑨ + ⑩ = pqp ………………………………⑬
$\quad B_1 =$ ⑪+⑫+⑬

───── 《組合せか順列か》 ─────

28. 1の数字が書かれたカードが1枚, 2の数字が書かれたカードが2枚, 3の数字が書かれたカードが3枚, 4の数字が書かれたカードが4枚の合計10枚のカードがある. カードをよく混ぜて, 1枚ずつ3枚のカードを取り出し, 取り出した順に左から並べて3桁の整数 N をつくる. このとき, N が3の倍数である確率は□, 6の倍数である確率は□である.　　　　　　（18　東京慈恵医大）

「取り出し方は全部で $10 \cdot 9 \cdot 8$ 通り」と固定する人が多い. 順列を全事象とすると無駄な入れ替えを考えなければならなくなる. 前半は3枚の組合せ $_{10}C_3$ を全事象とした方がよい. 本問はしばらく類題が流行った.

▶**解答**◀　10枚のカードを区別して,

$1,\ 2_1,\ 2_2,\ 3_1,\ 3_2,\ 3_3,\ 4_1,\ 4_2,\ 4_3,\ 4_4$

とする. 2_1 はカードに書かれた数が2のうちの1番のカードという意味で他も同様とする.

3桁の整数 N を $N = 100a + 10b + c$ とする.
$N = 99a + 9b + (a + b + c)$ が3の倍数になるのは $a + b + c$ が3の倍数になるときである.

問題文は順列だが, 順列より, 組合せの方が考えやすい. まず, まとめて3枚のカードを取り出し, それを無作為に, 左から並べ, その数を a, b, c にすると考える. N が3の倍数になるかどうか（$a + b + c$ が3の倍数かどうか）は, 最初にまとめて3枚取りだした時点で判明する. たとえば1を1枚と2を2枚取りだしたら, どの

ように並べようとも，N は 3 の倍数にならない．

　第一の空欄について：取り出す 3 枚の集合を考える．10 枚から 3 枚を選ぶ組合せは全部で
$_{10}C_3 = \dfrac{10 \cdot 9 \cdot 8}{3 \cdot 2 \cdot 1} = 120$ 通りある．この 10 枚を，3 で割った余りで分類し

$$R_1 = \{1, 4_1, 4_2, 4_3, 4_4\}$$
$$R_2 = \{2_1, 2_2\}$$
$$R_0 = \{3_1, 3_2, 3_3\}$$

とする．N が 3 の倍数になるのは，$a+b+c$ が 3 の倍数になるときである．それは a, b, c を 3 で割った余りがすべて同じか，0，1，2 の 3 種類になるときで，R_1 から 3 枚を取る $_5C_3 = 10$ 通りか，R_0 から 3 枚を取る 1 通りか，R_1, R_2, R_0 から 1 枚ずつ取る $5 \cdot 2 \cdot 3 = 30$ 通りがあり，第一の空欄は $\dfrac{10 + 1 + 30}{120} = \boldsymbol{\dfrac{41}{120}}$ である．

　第二の空欄について：今度は，$a+b+c$ が 3 の倍数，かつ，c が偶数になる確率である．そこで，c から考える．まず，1 枚取りだし，それを c として右端（一の位）に置こう．c として

（ア）2（2_1 または 2_2）を取り出すとき．その確率は $\dfrac{2}{10}$ である．このとき，R_1 の要素は 5 つあり，R_2 の要素は 1 つ残り，R_0 の要素は 3 つある．ここから 2 つ取り出して $a+b+2$ が 3 の倍数になるのは，R_1 から 1 つと R_0 から 1 つ取るときで，その確率は $\dfrac{5 \cdot 3}{_9C_2} = \dfrac{5 \cdot 3}{9 \cdot 4} = \dfrac{5}{3 \cdot 4}$

（イ）4（4_1, 4_2, 4_3, 4_4 のいずれか）を取り出すとき，その確率は $\dfrac{4}{10}$ である．このとき，R_1 の要素は4つ残り，R_2 の要素は2つあり，R_0 の要素は3つある．ここから2つ取り出して $a+b+4$ が3の倍数になるのは，R_1 から2つ取るか，R_2 から1つと R_0 から1つ取るときで，その確率は $\dfrac{{}_4C_2 + 2 \cdot 3}{{}_9C_2} = \dfrac{6+6}{9 \cdot 4} = \dfrac{1}{3}$

求める確率は
$$\dfrac{1}{5} \cdot \dfrac{5}{3 \cdot 4} + \dfrac{2}{5} \cdot \dfrac{1}{3} = \boldsymbol{\dfrac{13}{60}}$$

---《包除原理》---

29. 箱にAと書かれたカード，Bと書かれたカード，Cと書かれたカードがそれぞれ4枚ずつ入っている．男性6人，女性6人が箱の中から1枚ずつカードを引く（引いたカードは戻さない）．

（1） Aと書かれたカードを4枚とも男性が引く確率は□となる．

（2） A，B，Cと書かれたカードのうち，少なくとも一種類のカードを4枚とも男性または女性が引く確率は□となる． (09 横浜市大・医)

▶解答◀ （1） Aのカードを引く4人の組合せは全部で $_{12}C_4 = \dfrac{12 \cdot 11 \cdot 10 \cdot 9}{4 \cdot 3 \cdot 2 \cdot 1} = 11 \cdot 5 \cdot 9$ 通りある．それが男性6人のうちの4人になる組合せは $_6C_4 = {_6C_2} = \dfrac{6 \cdot 5}{2 \cdot 1} = 3 \cdot 5$ 通りある．

求める確率は $\dfrac{3 \cdot 5}{11 \cdot 5 \cdot 9} = \dfrac{1}{33}$

（2） 「Aの4枚のカードすべてを男性が引くか，Aの4枚のカードすべてを女性が引く（Aが一性に独占されるということにする）」という事象を A とする．「Aの4枚のカードすべてを女性が引く」確率も $\dfrac{1}{33}$ であるから，$P(A) = \dfrac{1}{33} \cdot 2 = \dfrac{2}{33}$ である．同様に B, C を定める．

（1）のようになった後で，Bを引く4人の組合せは，全部で $_8C_4$ 通りあり，それが女性だけになるのは $_6C_4$ 通りある．「Aの4枚のカードすべてを男性が引き，Bの4枚のカードすべてを女性が引く」確率は

$$\frac{1}{33} \cdot \frac{{}_6C_4}{{}_8C_4} = \frac{1}{33} \cdot \frac{6 \cdot 5 \cdot 4 \cdot 3}{8 \cdot 7 \cdot 6 \cdot 5} = \frac{1}{11} \cdot \frac{1}{14} = \frac{1}{154}$$

である．この男性と女性が逆のときも考え，A の 4 枚が一性に独占され，B の 4 枚が一性に独占される確率は
$$P(A \cap B) = \frac{1}{154} \cdot 2 = \frac{1}{77}$$

$$P(A \cap B) = P(B \cap C) = P(C \cap A) = \frac{1}{77}$$

$$P(A) = P(B) = P(C) = \frac{2}{33}$$

$$P(A \cap B \cap C) = 0$$

$$P(A \cup B \cup C) = P(A) + P(B) + P(C)$$
$$\quad - P(A \cap B) - P(B \cap C) - P(C \cap A)$$
$$\quad + P(A \cap B \cap C)$$
$$= 3 \cdot \frac{2}{33} - 3 \cdot \frac{1}{77} = \frac{14}{77} - \frac{3}{77} = \boldsymbol{\frac{1}{7}}$$

♦別解♦ （2） 余事象は「A も B も C も一性に独占されない」であり，男性が引く 6 枚と女性が引く 6 枚の配分を考える．この場合 $H_A = ($ 男性が受け取る A の枚数，女性が受け取る A の枚数$)$ とおく．A の配分のつもりである．H_A は $(1, 3), (2, 2), (3, 1)$ のどれかである．H_B, H_C も同様に定める．これらは次のタイプがある．

（ア） $H_A = (1, 3), H_B = (2, 2), H_C = (3, 1)$ またはこれらの入れ替えを考えた場合．3! 通りの入れ替えがある．

（イ） $H_A = (2, 2), H_B = (2, 2), H_C = (2, 2)$
この確率は

$$\frac{{}_6C_1 \cdot {}_6C_3 \cdot {}_5C_2 \cdot {}_3C_2 \cdot 3! + {}_6C_2 \cdot {}_6C_2 \cdot {}_4C_2 \cdot {}_4C_2}{{}_{12}C_4 \cdot {}_8C_4}$$
$$= \frac{6 \cdot 20 \cdot 10 \cdot 3 \cdot 6 + 15 \cdot 15 \cdot 6 \cdot 6}{11 \cdot 5 \cdot 9 \cdot 7 \cdot 2 \cdot 5}$$
$$= \frac{48 + 18}{11 \cdot 7} = \frac{6}{7}$$

求める確率は $1 - \frac{6}{7} = \dfrac{\mathbf{1}}{\mathbf{7}}$

　計算の説明をする．${}_6C_1$ は A を受け取る 1 人の男性が誰かで ${}_6C_1$ 通りあり，残る 5 人の男性のうち B を受け取る 2 人の組合せが ${}_5C_2$ 通りあるなどである．

=== 《題意の言い換え》 ===

30. 1から6までの数字がそれぞれ1面ずつに書かれたさいころがある．このさいころを1回投げるごとに，出た面をその数字に1を加えた数字に書きかえるものとする．例えば，6が出たときはその面を7に書きかえる．このさいころを3回続けて投げたとき，以下の問いに答えよ．

(1) 書かれている数字が6種類である確率は□である．

(2) 同じ数字が3か所に書かれている確率は□である．

(3) 書かれている数字が3種類である確率は□である．

(4) 2が少なくとも1か所に書かれている確率は□である．

(23　金沢医大・医・前期)

「1が出るときは1段上がる，2が出るときは2段上がる，…，6が出るときは6段上がる」かと誤解したのは私である．それだと書き換えた結果，もし7があると，7段上がることになるから，何が出るかをそのつど書き換えていかないといけない．そうではないらしい．単に，目が何種類あるかということらしい．「最初1である面が最後に何か」，…，「最初6である面が最後に何か」が問題である．たとえば，1回目に1が出るとする．1が2になる．次に2が出るとすると，その2が「最初1だった2と，本来の2」で違う．最初1だった面がでる場合は，最初1だった面が2回続けて出て3になり，本来の2は，影響を受けないということである．

▶**解答**◀ 最初に 1, 2, …, 6 である面をそれぞれ ①, ②, …, ⑥ とする.途中で目の数を変えると,記述がややこしくなる.① が次に出る確率は $\frac{1}{6}$ のままで,変わらない.それなら,目の数を増やすのはサイコロを 3 回振り終えた後にまとめてやることにして,途中では目を書き換えないことにする.

これは,階段(9 段は必要だ)があり,1 段目から 6 段目まで,各段に 1 人ずつ,①, …, ⑥ さんが立っていて,各面に ①, …, ⑥ と書いたサイコロを振り,毎回 1 人を 1 段上にあげるといってもよい.① が出たら,「① さーん 1 段上に上がってください.2 段目に行くけど,2 に変えるのは最後にまとめてやりまーす」と言う.階段は横幅が広く,1 段に 6 人が並ぶこともできるとする.
(1)は 3 回振って 6 人がバラバラに,異なる段に立っている確率を求めることになる.
(1) 題意に合う場合,①, ②, ③ は出てはいけない.もし ① が出ると,もしそのままだと,2 が 2 個になり,その重なりを解消するために 2 を 3 にしないといけない.… となり,重なりが,最後まで解消できない.②, ③ も同様である.以下,タイプが面倒なので ○ を消す.毎回 4 か 5 か 6 が出る 3^3 通りのケースのすべてが適するわけではなく,このうちの次の場合が適する.

4 が 3 回出るとき(4 が最終的に 7 になる)か,5 が 3 回出るときか,6 が 3 回出るときか,4 と 5 と 6 が 1 回ずつ出る(3! 通り)ときか,4 が 2 回出てかつ 6 が 1 回出る(3 通り)か,5 が 2 回出てかつ 4 が 1 回出る(3 通り)か,6 が 2 回出てかつ 5 が 1 回出る(3 通り)ときで

ある．求める確率は $\dfrac{3+3!+3\cdot 3}{6^3} = \dfrac{1}{12}$ である．

（2） 階段で説明すれば，1つの段に3人が並ぶという話である．そのためには，最初，その段以下に3人以上いないといけない．題意に合うのは次の場合である．

3段目に3人が並ぶのは1が2回出てかつ2が1回出る（3通り）とき，4段目に3人が並ぶのは2が2回出てかつ3が1回出るとき，5段目，6段目についても同様で，求める確率は $\dfrac{3\cdot 4}{6^3} = \dfrac{1}{18}$ である．

（3） 2段目，4段目，6段目に2人ずつ並ぶときしかない．1, 3, 5が1回ずつ出る3!通りである．求める確率は $\dfrac{3!}{6^3} = \dfrac{1}{36}$ である．

（4） 2が1回も出ない（5^3 通り）とき，2が1回，1が1回，3〜6のどれか（4通り）が1回出る（$4\cdot 3!$ 通り）とき，2が2回，1が1回出る（3通り）ときがある．求める確率は $\dfrac{125+24+3}{6^3} = \dfrac{152}{216} = \dfrac{19}{27}$ である．

===《同時交換でない漸化式》===

31. 玉が2個ずつ入った2つの袋A, Bがあるとき, 袋Bから玉を1個取り出して袋Aに入れ, 次に袋Aから玉を1個取り出して袋Bに入れる, という操作を1回の操作と数えることにする. Aに赤玉が2個, Bに白玉が2個入った状態から始め, この操作をn回繰り返した後に袋Bに入っている赤玉の個数がk個である確率を$P_n(k)$ $(n=1, 2, 3, \cdots)$ とする. このとき, 次の問に答えよ.

(1) $k = 0, 1, 2$ に対する $P_1(k)$ を求めよ.
(2) $k = 0, 1, 2$ に対する $P_n(k)$ を求めよ.

(16 名大・理系)

伝統的な問題は, 両方の袋から同時に玉を取り出して交換する. 本問では, Bから先に取り出す. 新傾向であり, 名古屋大の出題の後しばらく流行した. 生徒に解いてもらった. 手が出ない者も多い. 試行の痕跡を樹形図（書き方は解答を見よ）に書こう.

▶解答◀ （ 1 ） 袋Aに赤玉がx個, 白玉がy個, 袋Bに赤玉がz個, 白玉がw個入っている状態を $\begin{pmatrix} x & z \\ y & w \end{pmatrix}$ で表す. 図のように遷移するから

$$P_1(0) = \frac{1}{3},\ P_1(1) = \frac{2}{3},\ P_1(2) = \mathbf{0}$$

$\begin{smallmatrix}& \text{A} & \text{B} \\ 赤 & x & z \\ 白 & y & w \end{smallmatrix}$

$\quad\quad\quad\quad$ A→B $\quad$ B→A $\quad$ A→B $\quad$ B→A $\quad$ A→B

$\quad\quad\quad\quad\quad\quad \begin{pmatrix}1&1\\1&1\end{pmatrix}\!\!\begin{smallmatrix}\frac{1}{3}\end{smallmatrix}\!\!\begin{pmatrix}1&1\\2&0\end{pmatrix}\!\!\begin{smallmatrix}\frac{2}{3}\end{smallmatrix}\!\!\begin{pmatrix}0&2\\2&0\end{pmatrix}\!\!\begin{pmatrix}1&1\\2&0\end{pmatrix}\!\!\begin{smallmatrix}\frac{1}{3}\end{smallmatrix}\!\!\begin{pmatrix}0&2\\2&0\end{pmatrix}$

$\quad\quad\quad\quad \begin{smallmatrix}\frac{2}{3}\end{smallmatrix}\nearrow\begin{smallmatrix}\frac{1}{2}\end{smallmatrix}\quad\quad\quad\begin{smallmatrix}\frac{2}{3}\end{smallmatrix}\quad\quad\quad\begin{smallmatrix}\frac{1}{2}\end{smallmatrix}$

$\quad\quad\quad\quad\quad\text{B→A}$

$\begin{pmatrix}2&0\\0&2\end{pmatrix}\!\!\begin{smallmatrix}1\end{smallmatrix}\!\!\begin{pmatrix}2&0\\1&1\end{pmatrix}\!\!\rightarrow\!\!\begin{smallmatrix}\frac{1}{2}\end{smallmatrix}\!\!\begin{pmatrix}1&1\\1&1\end{pmatrix}\!\!\begin{smallmatrix}\frac{2}{3}\end{smallmatrix}\!\!\begin{pmatrix}1&1\\1&1\end{pmatrix}\!\!\begin{smallmatrix}\frac{1}{2}\end{smallmatrix}\!\!\begin{pmatrix}1&1\\1&1\end{pmatrix}$

$\quad\quad\quad\quad \begin{smallmatrix}\frac{1}{3}\end{smallmatrix}\searrow$

$\quad\quad\quad\quad\quad\quad \begin{pmatrix}2&0\\0&2\end{pmatrix}\!\!\begin{smallmatrix}1\end{smallmatrix}\!\!\begin{pmatrix}2&0\\1&1\end{pmatrix}\!\!\begin{smallmatrix}\frac{1}{3}\end{smallmatrix}\!\!\begin{pmatrix}2&0\\0&2\end{pmatrix}\!\!\begin{pmatrix}2&0\\1&1\end{pmatrix}\!\!\begin{smallmatrix}\frac{1}{3}\end{smallmatrix}\!\!\begin{pmatrix}2&0\\0&2\end{pmatrix}$

（**2**） $n+1$ 回後に $\begin{pmatrix} 2 & 0 \\ 0 & 2 \end{pmatrix}$ （確率 $P_{n+1}(0)$）になるのは n 回後に $\begin{pmatrix} 2 & 0 \\ 0 & 2 \end{pmatrix}$ になり（確率 $P_n(0)$），次に確率 $1 \cdot \dfrac{1}{3}$ （→ →）で $\begin{pmatrix} 2 & 0 \\ 0 & 2 \end{pmatrix}$ に移るか，

n 回後に $\begin{pmatrix} 1 & 1 \\ 1 & 1 \end{pmatrix}$ になり（確率 $P_n(1)$），次に確率 $\dfrac{1}{2} \cdot \dfrac{1}{3}$ （↘ →）で $\begin{pmatrix} 2 & 0 \\ 0 & 2 \end{pmatrix}$ に移るときだから

$$P_{n+1}(0) = \frac{1}{3}P_n(0) + \frac{1}{6}P_n(1) \quad \cdots\cdots\cdots ①$$

同様に

$$P_{n+1}(1) = \frac{2}{3}\{P_n(0) + P_n(1) + P_n(2)\} \quad \cdots\cdots ②$$

$$P_{n+1}(2) = \frac{1}{6}P_n(1) + \frac{1}{3}P_n(2) \quad \cdots\cdots\cdots ③$$

一方，

$$P_n(0) + P_n(1) + P_n(2) = 1 \quad \cdots\cdots\cdots\cdots ④$$

である．②，④より $P_{n+1}(1) = \dfrac{2}{3}$

$P_1(1) = \dfrac{2}{3}$ と合わせて $\boldsymbol{P_n(1) = \dfrac{2}{3}}$

①－③より

$$P_{n+1}(0) - P_{n+1}(2) = \frac{1}{3}\{P_n(0) - P_n(2)\}$$

数列 $\{P_n(0) - P_n(2)\}$ は等比数列をなし

$$P_n(0) - P_n(2) = \left(\frac{1}{3}\right)^{n-1}\{P_1(0) - P_1(2)\}$$

$$P_n(0) - P_n(2) = \left(\frac{1}{3}\right)^n \quad \cdots\cdots\cdots\cdots ⑤$$

である．一方，

$$P_n(0) + P_n(2) = 1 - P_n(1) = \frac{1}{3} \quad \cdots\cdots ⑥$$

⑤, ⑥ より
$$P_n(0) = \frac{1}{6} + \frac{1}{2}\left(\frac{1}{3}\right)^n, \quad P_n(2) = \frac{1}{6} - \frac{1}{2}\left(\frac{1}{3}\right)^n$$

注意 樹形図をよくみると，縦に，状態が 2 つ並ぶか，縦に 3 つ並ぶ．B → A, A → B が 1 つのセットで，n 回目の A → B の後が $\begin{pmatrix} 0 & 2 \\ 2 & 0 \end{pmatrix}$, $\begin{pmatrix} 1 & 1 \\ 1 & 1 \end{pmatrix}$, $\begin{pmatrix} 2 & 0 \\ 0 & 2 \end{pmatrix}$ の 3 つの状態になるが，その一個前の状態，B → A の後では，状態が $\begin{pmatrix} 1 & 1 \\ 2 & 0 \end{pmatrix}$ か $\begin{pmatrix} 2 & 0 \\ 1 & 1 \end{pmatrix}$ になる．こうなる確率を x_n, y_n とする．勿論，$x_n + y_n = 1$ である．$n+1$ 回目の途中で $\begin{pmatrix} 1 & 1 \\ 2 & 0 \end{pmatrix}$ になる（確率 x_{n+1}）のは，n 回目の途中で $\begin{pmatrix} 1 & 1 \\ 2 & 0 \end{pmatrix}$（確率 x_n）になり → → になる（確率 $\frac{1}{3} \cdot 1$）か ↘ ↗ になる（確率 $\frac{2}{3} \cdot \frac{1}{2}$）か，$n$ 回目の途中で $\begin{pmatrix} 2 & 0 \\ 1 & 1 \end{pmatrix}$（確率 y_n）になり ↗ ↗ になる（確率 $\frac{2}{3} \cdot \frac{1}{2}$）ときであり

$$x_{n+1} = x_n\left(\frac{1}{3} \cdot 1 + \frac{2}{3} \cdot \frac{1}{2}\right) + y_n \cdot \frac{2}{3} \cdot \frac{1}{2}$$
$$x_{n+1} = \frac{2}{3}x_n + \frac{1}{3}y_n$$

同様に $y_{n+1} = \frac{1}{3}x_n + \frac{2}{3}y_n$ となり，これらを辺ごとに引くと $x_{n+1} - y_{n+1} = \frac{1}{3}(x_n - y_n)$ となり，数列 $\{x_n - y_n\}$ は等比数列であり，$x_1 = 0, y_1 = 1$ として

$$x_n - y_n = \left(\frac{1}{3}\right)^{n-1}(x_1 - y_1) = -\left(\frac{1}{3}\right)^{n-1}$$

$x_n + y_n = 1$ と合わせて，解けば

$$x_n = \frac{1}{2} - \frac{1}{2}\left(\frac{1}{3}\right)^{n-1}, y_n = \frac{1}{2} + \frac{1}{2}\left(\frac{1}{3}\right)^{n-1}$$

となる．$P_n(0)$ は n 回後に B の中の赤玉が 0 個になる確率だから $\begin{pmatrix} 2 & 0 \\ 0 & 2 \end{pmatrix}$ の確率で，それは $\begin{pmatrix} 2 & 0 \\ 1 & 1 \end{pmatrix}$ (確率 y_n) から → (確率 $\frac{1}{3}$) になるときで

$$P_n(0) = \frac{1}{3}y_n = \frac{1}{6} + \frac{1}{2}\left(\frac{1}{3}\right)^n$$

同様に $P_n(2) = \frac{1}{3}x_n = \frac{1}{6} - \frac{1}{2}\left(\frac{1}{3}\right)^n$

である．ただし「2024 年の慶應大・医の問題」は同系統であるが，常に状態が 3 つあるから，これほど簡単にはいかない．

━━━《伝言ゲーム》━━━

32. 白玉が2個，赤玉が3個入っている袋がある．Aさんは袋から玉を1つ無作為に取り出し，$\frac{5}{6}$ の確率で取り出した玉の色をBさんに伝え，$\frac{1}{6}$ の確率で逆の色を伝える．また，Bさんは $\frac{5}{6}$ の確率でAさんから伝えられた色をCさんに伝え，$\frac{1}{6}$ の確率で逆の色を伝える．ただし，白の逆の色は赤であり，赤の逆の色は白を意味する．

（1） Bさんに白と伝わったときに，Aさんが取り出した玉が白である確率を求めよ．

（2） Cさんに白と伝わったときに，Aさんが取り出した玉が白である確率を求めよ．

（20 学習院大・経）

　大学入試の確率の問題は，無理な設定とおかしな日本語が多い．その点，学習院大の問題は極めて自然である．本問は条件付き確率の問題である．時間を入れて解説する．50年前，私が学生であった頃，大人の中には「時間を入れるな」と主張する人達がいた．しかし，最近のベイズ統計学では，事前確率，事後確率という言葉を使うのは普通である．以下，文章の時制（時間を考慮した表現）に注意して読むこと．Kは観察者である．「た」を使うと「過去形」と誤解をするから，しばらくは，「た」を使わない．KはAが玉を取り出すときそれを目撃することが出来るが，玉には袋が被せてあって，それが何

色かはKには分からないとする．Kに見られないように，Aは密かに小さく袋を破って，何色かを見る．

　AもBも，伝言をするとき，確率 $\frac{5}{6}$ で正しく伝え，確率 $\frac{1}{6}$ で逆に伝える．AがBにどう伝えるか，BがCにどう伝えるかをKが観察する．

[第一段階]　Aが白玉か赤玉を取り出す．白玉を取り出す確率は $\frac{2}{5}$，赤玉を取り出す確率は $\frac{3}{5}$ である．

[第二段階]　KはBの横に立ち，AがBにどう伝えるかを聞く．

[第三段階]　KはCの横に立つ．AがBに伝言をし（ここでは伝言の内容はKは知らないとする），次にBがCにどう伝えるかをKが聞く．

　以上の $\frac{2}{5}$，$\frac{5}{6}$ という数値は正しい数値で，こうした問題設定を「教師あり」という．教師が，必要な数値を教えているというのである．私は生徒には「神様が言っている」と説明する．実社会ではこんな数値はわからない．そういう設定を「教師なし」というが，大学入試では「教師なし」の問題はない．

　ここから部分的に「た」を使う．表を書く．Aが白玉を取り出すという事象を A，赤玉を取り出すという事象を $\overline{A}$，BがAから「白玉を取り出した」と聞く事象を B，「赤玉を取り出した」と聞く事象を $\overline{B}$，CがBから「白玉を取り出した」と聞く事象を C，「赤玉を取り出した」と聞く事象を $\overline{C}$ とする．表の横の数はそれが起こる確率である．白，赤という漢字はメモである．

たとえば，①の $A \cap B$ は A が白玉を取り出し，B が A から，白玉を取り出したと聞く事象である．記述を簡単にするため，①は事象を表し，かつ，文脈でその確率も表す．適宜読め．

第一段階	A:白 $\dfrac{2}{5}$				$\overline{A}$:赤 $\dfrac{3}{5}$			
第二段階	$A \cap B$:白 $\dfrac{2}{5} \cdot \dfrac{5}{6}$ ①		$A \cap \overline{B}$:赤 $\dfrac{2}{5} \cdot \dfrac{1}{6}$ ②		$\overline{A} \cap B$:白 $\dfrac{3}{5} \cdot \dfrac{1}{6}$ ③		$\overline{A} \cap \overline{B}$:赤 $\dfrac{3}{5} \cdot \dfrac{5}{6}$ ④	
第三段階	$A\cap B\cap C$ 白 $\dfrac{2}{5}\cdot\dfrac{5}{6}\cdot\dfrac{5}{6}$ ⑤	$A\cap B\cap \overline{C}$ 赤 $\dfrac{2}{5}\cdot\dfrac{5}{6}\cdot\dfrac{1}{6}$ ⑥	$A\cap \overline{B}\cap C$ 白 $\dfrac{2}{5}\cdot\dfrac{1}{6}\cdot\dfrac{4}{5}$ ⑦	$A\cap \overline{B}\cap \overline{C}$ 赤 $\dfrac{2}{5}\cdot\dfrac{1}{6}\cdot\dfrac{1}{5}$ ⑧	$\overline{A}\cap B\cap C$ 白 $\dfrac{3}{5}\cdot\dfrac{1}{6}\cdot\dfrac{4}{5}$ ⑨	$\overline{A}\cap B\cap \overline{C}$ 赤 $\dfrac{3}{5}\cdot\dfrac{1}{6}\cdot\dfrac{1}{5}$ ⑩	$\overline{A}\cap \overline{B}\cap C$ 白 $\dfrac{3}{5}\cdot\dfrac{5}{6}\cdot\dfrac{1}{6}$ ⑪	$\overline{A}\cap \overline{B}\cap \overline{C}$ 赤 $\dfrac{3}{5}\cdot\dfrac{5}{6}\cdot\dfrac{5}{6}$ ⑫

第二段階では，4 つの事象が起こりうる．確率の和 ①＋②＋③＋④＝1 である．確率の和 ⑤＋…＋⑫＝1 である．

（1）は，事後確率である．B は A から「白玉を取り出した」と聞いた．②と④は起こらなかった．起こったのは①か③である．このように，情報があると，全事象が縮む．①と③を合わせた事象の中で①の占める割合が問題である．

（2）は C が B から「白玉を取り出した」と聞いた．起こったのは⑤，⑦，⑨，⑪の中のどれかである．

▶解答◀ （1） 求める確率は

$$P_B(A) = \frac{P(A \cap B)}{P(B)} = \frac{①}{①+③}$$

$$= \frac{\frac{2}{5} \cdot \frac{5}{6}}{\frac{2}{5} \cdot \frac{5}{6} + \frac{3}{5} \cdot \frac{1}{6}} = \boldsymbol{\frac{10}{13}}$$

（2） 求める確率は

$$P_C(A) = \frac{P(A \cap C)}{P(C)} = \frac{⑤+⑦}{⑤+⑦+⑨+⑪}$$

$$= \frac{\frac{2}{5} \cdot \frac{5}{6} \cdot \frac{5}{6} + \frac{2}{5} \cdot \frac{1}{6} \cdot \frac{1}{6}}{\frac{2}{5} \cdot \frac{5}{6} \cdot \frac{5}{6} + \frac{2}{5} \cdot \frac{1}{6} \cdot \frac{1}{6} + \frac{3}{5} \cdot \frac{1}{6} \cdot \frac{5}{6} + \frac{3}{5} \cdot \frac{5}{6} \cdot \frac{1}{6}}$$

$$= \frac{50+2}{50+2+15+15} = \frac{52}{82} = \boldsymbol{\frac{26}{41}}$$

注意 Bは1人目，Cは2人目である．n人目に白と伝わったときに，Aが取り出した玉が白である確率を求めてみよう．

n人目に白と伝わる確率をp_n，Aが白を取り出しかつn人目に白と伝わる確率をq_nとする．

$$p_1 = P(B) = \frac{13}{30}$$

$n+1$人目に白と伝わる（その確率はp_{n+1}）のは，n人目に白と伝わり（その確率はp_n）次の人にそのまま伝わる（確率$\frac{5}{6}$）か，n人目に赤と伝わり（その確率は$1-p_n$）次の人に逆に伝わる（確率$\frac{1}{6}$）ときであり，

$$p_{n+1} = \frac{5}{6}p_n + \frac{1}{6}(1-p_n)$$

$q_1 = $（①の確率）$= \frac{1}{3}$

Aが白を取り出しかつ $n+1$ 人目に白と伝わる（その確率は q_{n+1}）のは，Aが白を取り出しかつ n 人目に白と伝わり（その確率は q_n）次の人にそのまま伝わる（確率 $\frac{5}{6}$）か，Aが白を取り出しかつ n 人目に赤と伝わり（Aが白を取り出す中で考えているから，その確率は $\frac{2}{5}-q_n$）次の人に逆に伝わる（確率 $\frac{1}{6}$）ときであり，

$$q_{n+1}=\frac{5}{6}q_n+\frac{1}{6}\left(\frac{2}{5}-q_n\right)$$

これらを解くと

$$p_n=\frac{1}{2}-\frac{1}{15}\left(\frac{2}{3}\right)^{n-1},\ q_n=\frac{1}{5}+\frac{2}{15}\left(\frac{2}{3}\right)^{n-1}$$

求める確率は $\dfrac{q_n}{p_n}=\dfrac{2(3^n+2^n)}{5\cdot 3^n-2^n}$ になる．

《2つの箱にカードを振り分ける》

33. 1から5までの5枚の番号札がある．その5枚を次のようにA, Bの2つの箱に分ける：1は箱A, 2は箱B, 残りの番号札はそれぞれ硬貨投げを行って，表なら箱A, 裏なら箱Bに入れる．次に，番号札をそれぞれよくかき混ぜ，2つの箱から1枚ずつ札を取り出す．
（1） 1が取り出される確率を求めよ．
（2） 1が取り出されたとき，2が取り出される条件つき確率を求めよ．　　（15　大阪医大・医・後）

（1）は事前の確率である．何もしておらず，今からやろうとしているときの確率である．

（2）は事後の確率である．Aの箱から1枚の札を取り出したら，1の札であったとする．これはもう，起こってしまった．その事実は変更不可能である．そして，箱A, 箱Bの中に，どんな割合で，札を入れたかは，忘れてしまったとする．さて，今，Bの箱から1枚の札を取り出すとき，2の札が取り出される確率が何かを求めよということである．

本問は，条件付き確率の問題の中で，格段によい設定の問題である．それは「どんな割合で，札を入れたかは，忘れてしまった」という設定さえ加えれば，無理がないからである．しかし，生徒はあまり解けない．原因のつは，時間軸の中で自分が今どこにいるかの意識が薄いからである．もう一つの原因は，問題文に「条件付き確率」と書いてないと，条件付き確率であると認識できないからである．

▶解答◀ （1） 箱 A，B 内の札が何枚ずつになるかが問題である．1 の札を①，2 の札を②とする．3，4，5 を箱に入れる作業のとき，表が k 枚（$k=0,1,2,3$）出る確率を $x(k)$ とする．表が 0 回，裏が 3 回出るとき，確率は $x(0) = \dfrac{1}{8}$ で，A 内が 1 枚（①），B 内が 4 枚（② と 3 枚）となる．

表が 1 回，裏が 2 回出るとき，確率は $x(1) = \dfrac{3}{8}$ で，A 内が 2 枚（① と 1 枚），B 内が 3 枚（② と 2 枚）となる．
表が 2 回，裏が 1 回出るとき，確率は $x(2) = \dfrac{3}{8}$ で，A 内が 3 枚（① と 2 枚），B 内が 2 枚（② と 1 枚）となる．
表が 3 回，裏が 0 回出るとき，確率は $x(3) = \dfrac{1}{8}$ で，A 内が 4 枚（① と 3 枚），B 内が 1 枚（②）となる．箱 A から 1 枚札を取り出すとき，1 の札が取り出される事象を I と表す（いちの，I，頭文字）．

$$P(I) = \dfrac{1}{8} \cdot \dfrac{1}{1} + \dfrac{3}{8} \cdot \dfrac{1}{2} + \dfrac{3}{8} \cdot \dfrac{1}{3} + \dfrac{1}{8} \cdot \dfrac{1}{4}$$
$$= \dfrac{1}{8}\left(1 + \dfrac{3}{2} + 1 + \dfrac{1}{4}\right) = \dfrac{1}{8} \cdot \dfrac{15}{4} = \dfrac{\mathbf{15}}{\mathbf{32}}$$

A 内	B 内	確率
① と 0 枚	② と 3 枚	$\dfrac{1}{8}$
① と 1 枚	② と 2 枚	$\dfrac{3}{8}$
① と 2 枚	② と 1 枚	$\dfrac{3}{8}$
① と 3 枚	② と 0 枚	$\dfrac{1}{8}$

（**2**） 箱Bから2が取り出される事象を N と表す．箱Aから1の札を取り出し，箱Bから2の札を取り出す確率は

$$P(I \cap N) = \frac{1}{8} \cdot \frac{1}{1} \cdot \frac{1}{4} + \frac{3}{8} \cdot \frac{1}{2} \cdot \frac{1}{3}$$
$$+ \frac{3}{8} \cdot \frac{1}{3} \cdot \frac{1}{2} + \frac{1}{8} \cdot \frac{1}{4} \cdot \frac{1}{1}$$
$$= \frac{1}{8}\left(\frac{1}{4} + \frac{1}{2} + \frac{1}{2} + \frac{1}{4}\right) = \frac{1}{8} \cdot \frac{3}{2} = \frac{3}{16}$$

$$P_I(N) = \frac{P(I \cap N)}{P(I)} = \frac{\frac{3}{16}}{\frac{15}{32}} = \boldsymbol{\frac{2}{5}}$$

=== 《フィーリングカップル3対3》 ===

34. あるイベント会場に司会者のSさん,チームaのA,B,C,チームdのD,E,Fの合計7人がいる.チームaの3人とチームdの3人は面識はない.A,B,Cの各人はD,E,Fの誰か一人を無作為に等確率で選ぶ.D,E,Fの各人はA,B,Cの誰か一人を無作為に等確率で選ぶ.お互いが指定した者同士がいれば,『新たな友達』になる.たとえばAさんがDさんを指定し,DさんがAさんを指定すればAさんとDさんは『新たな友達』になる.ただし,誰が誰を指定したかはSさんの前にあるパネルに瞬時に表示され,Sさんだけに分かるとする.Sさんの発言は常に正しいとする.

(1)『新たな友達』が3組できる確率は □,『新たな友達』が2組できる確率は □ である.

(2) Sさんが言った.「Aさん,ある人と『新たな友達』になりましたよ.」このとき,Bさんが誰かと『新たな友達』になる条件付き確率は □ である.

(3) Sさんが言った.「Aさん,ある人と『新たな友達』になりましたよ.Dさん,ある人と『新たな友達』になりましたよ.」このとき,Aさんと Dさんが『新たな友達』である条件付き確率は □ である.　　　　(25 久留米大・推薦)

何が分かっていて，何が分からないかを明確に書き，疑問の余地のないように書いてある．

▶**解答**◀ （1） AがDを指定することをA→Dと表す．A→DかつD→AであることをA↔Dと表す．

6人が誰を指定するかは，全部で3^6通りある．

『新たな友達』が3組できる場合，A，B，CがD，E，Fの誰を指定するかで3!通りある．たとえばA→D，B→E，C→Fのとき，D→A，E→B，F→Cを指定する．3組『新たな友達』ができる確率は $\dfrac{3!}{3^6}=\dfrac{\mathbf{2}}{\mathbf{243}}$

『新たな友達』が2組できるとき，チームaのどの2人かで，その組合せは${}_3C_2=3$通りある．たとえばそれがA，Bのとき，Aが誰を指定するかで3通り，Bが誰を指定するかで2通りある．それがたとえばA→D，B→Eのとき，Cが『新たな友達』になるのはC→FかつF→C（確率$\dfrac{1}{3}\cdot\dfrac{1}{3}$）のときであるから，この場合を除いて，『新たな友達』が2組できる確率は $3\cdot\dfrac{3\cdot 2}{3^4}\left(1-\dfrac{1}{3^2}\right)=\dfrac{\mathbf{16}}{\mathbf{81}}$

（2） AとBが『新たな友達』になることはないから，Bが，今から『新たな友達』になる確率を計算すればよい．実質，条件付き確率ではない．

Bが誰かと『新たな友達』になるのは，Aと『新たな友達』になる人以外の2人のどちらかを指定し（確率$\dfrac{2}{3}$）その人が指定を返してくれる（確率$\dfrac{1}{3}$）ときで，求める確率は $\dfrac{2}{3}\cdot\dfrac{1}{3}=\dfrac{\mathbf{2}}{\mathbf{9}}$

（**3**） Aが誰かと『新たな友達』になりDが誰かと『新たな友達』になるのは次の5タイプがある．

```
A←——→D    A   D    A   D    A   D    A   D
           ╲ ╱      ╲ ╱      ╲ ╱      ╲ ╱
            ╳        ╳        ╳        ╳
           ╱ ╲      ╱ ╲      ╱ ╲      ╱ ╲
B     E    B   E    B   E    B   E    B   E
C     F    C   F    C   F    C   F    C   F
```

A↔D （確率 $\frac{1}{9}$）

A↔E かつ B↔D （確率 $\frac{1}{81}$）

A↔E かつ C↔D （確率 $\frac{1}{81}$）

A↔F かつ B↔D （確率 $\frac{1}{81}$）

A↔F かつ C↔D （確率 $\frac{1}{81}$）

になるときである．Aが誰かと『新たな友達』になりDが誰かと『新たな友達』になるという事象を X，AとDが『新たな友達』になるという事象を Y とする．

$P(X) = \frac{1}{9} + \frac{4}{81} = \frac{13}{81}$

$P_X(Y) = \frac{P(X \cap Y)}{P(X)} = \frac{\frac{1}{9}}{\frac{13}{81}} = \boldsymbol{\frac{9}{13}}$

―――《数を並べたもの》―――

35. $n \geq 4$ とする．$(n-4)$ 個の 1 と 4 個の -1 からなる数列 a_k $(k=1, 2, \cdots, n)$ を考える．

（1） このような数列 $\{a_k\}$ は何通りあるか．

（2） 数列 $\{a_k\}$ の初項から第 k 項までの積を
$b_k = a_1 a_2 \cdots a_k$ $(k=1, 2, \cdots, n)$ とおく．
$b_1 + b_2 + \cdots + b_n$ がとり得る値の最大値および最小値を求めよ．

（3） $b_1 + b_2 + \cdots + b_n$ の最大値および最小値を与える数列 $\{a_k\}$ はそれぞれ何通りあるか求めよ．

(12　熊本大・医)

　素晴らしい問題だが，受験した生徒の出来は悪い．理由の一つは問題の文章が生徒の視線に立っていないからである．数列というと，n の綺麗な式で書かれたもの，等差数列や，等比数列，漸化式を解いたものと思っている生徒が多い．$a_k = (-1)^k$ などと思うから，-1 が 4 個って何？と思う．生徒には「数列とは数が並んでいるものに，ファミリーネームと，番号を付けたもの」で，n の綺麗な式で書けなくてよいと教えないといけない．教科書では n は無限に続く変数であることが多い．n が定数で k が変数の例を見たことが少ない．今は n は 4 以上の整数の定数，k は 1 から n を動く変数で，1 か -1 を並べたものである．「$n=5$ のとき数列 $\{a_k\}$ $(k=1, 2, 3, 4, 5)$ の一例は $a_1 = -1, a_2 = -1, a_3 = -1, a_4 = 1, a_5 = -1$ である．このとき順に $b_1 = -1, b_2 = 1, b_3 = -1,$ $b_4 = -1,\ b_5 = 1$ となる」と例を示すとよい．

▶解答◀ （1） ${}_n\mathrm{C}_4 = \frac{1}{24}\boldsymbol{n(n-1)(n-2)(n-3)}$ 通りある．

（2） -1 である項を a_i, a_j, a_l, a_m $(1 \leqq i < j < l < m \leqq n)$ とする．$S = b_1 + \cdots + b_n$ とおく．S を最大にするためには，数列 $\{b_k\}$ に現れる -1 をできるだけ少なくする．つまり，数列 $\{a_k\}$ の -1 を2個連続させる．$j = i+1$, $m = l+1$ とする．数列 $\{b_k\}$ には -1 が2個だけ現れる．1が $n-2$ 個，-1 が2個になり S の最大値は $1 \cdot (n-2) + (-1) \cdot 2 = \boldsymbol{n-4}$ である．

最小値は -1 をできるだけ多くすると考え $i = 1$, $l = j+1$, $m = n$ とする．1は2個しかない．-1 が $n-2$ 個，1が2個になり最小値は $(-1) \cdot (n-2) + 1 \cdot 2 = \boldsymbol{4-n}$

（3） 最大について：$\boxed{-1, -1}$ （2個の -1 のかたまり），$\boxed{-1, -1}$，$n-4$ 個の1を並べる．数列 $\{a_k\}$ は ${}_{(n-4)+2}\mathrm{C}_2 = \frac{1}{2}\boldsymbol{(n-2)(n-3)}$ 通りある．

最小について：$a_1 = -1$, $a_n = -1$ で，$\boxed{-1, -1}$ を1個と $n-4$ 個の1を並べ，数列 $\{a_k\}$ は ${}_{(n-4)+1}\mathrm{C}_1 = \boldsymbol{n-3}$ 通りある．

---《集合の一致》---

36. n を $n \geq 3$ である自然数とする．相異なる n 個の正の数を小さい順に並べた集合
$$S = \{a_1, a_2, \cdots, a_n\}$$
を考える．$a_1 = r$ とするとき，次の問に答えよ．
(1) $a_i - a_1$ $(i = 2, 3, \cdots, n)$ がすべて S の要素となるとき，a_k $(1 \leq k \leq n)$ を k, r の式で表せ．
(2) $r \neq 1$ とする．$\dfrac{a_i}{a_1}$ $(i = 2, 3, \cdots, n)$ がすべて S の要素となるとき，a_k $(1 \leq k \leq n)$ を k, r の式で表せ． (24 早稲田大・社会)

集合の要素の個数は定数とするのがよいから n は固定された定数である．原題には不備な箇所が幾つかあったから変更した．

▶**解答**◀ (1) $(0 <) a_1 < a_2 < a_3 < \cdots < a_n$
から a_1 を引いて
$(0 <) a_2 - a_1 < a_3 - a_1 < \cdots < a_n - a_1 (< a_n)$
両側の括弧内を除いて，すべて a_n より小さな S の要素であるから，これらは $a_1, \cdots, a_{n-1}$ に一致する．
$a_2 - a_1 = a_1, a_3 - a_1 = a_2, \cdots, a_n - a_1 = a_{n-1}$
となる．
$a_2 - a_1 = a_1, a_3 - a_2 = a_1, \cdots, a_n - a_{n-1} = a_1$
である．数列 $\{a_1, \cdots, a_n\}$ は公差 a_1 の等差数列で，
$a_2 = 2a_1, a_3 = 3a_1, \cdots, a_n = na_1$
となる．$a_k = \boldsymbol{rk}$

(2) $\dfrac{a_n}{a_1}$ が S の要素であるから $a_1 \leqq \dfrac{a_n}{a_1} \leqq a_n$ である．$a_n > 0$ で割って $\dfrac{1}{a_1} \leqq 1$ である．$a_1 \neq 1$ より $a_1 > 1$ である．

$$(0 <) a_1 < a_2 < a_3 < \cdots < a_n$$

を $a_1 > 1$ で割って，

$$(1 <) \dfrac{a_2}{a_1} < \dfrac{a_3}{a_1} < \cdots < \dfrac{a_n}{a_1} (< a_n)$$

両側の括弧内を除いて，すべて a_n より小さな S の要素であるから，これらは $a_1, \cdots, a_{n-1}$ に一致する．

$$\dfrac{a_2}{a_1} = a_1, \ \dfrac{a_3}{a_1} = a_2, \ \cdots, \ \dfrac{a_n}{a_1} = a_{n-1}$$

となり，

$$\dfrac{a_2}{a_1} = a_1, \ \dfrac{a_3}{a_2} = a_1, \ \cdots, \ \dfrac{a_n}{a_{n-1}} = a_1$$

数列 $\{a_2, \cdots, a_n\}$ は初項 $a_2 = a_1{}^2$，公比 a_1 の等比数列である．$2 \leqq k \leqq n$ のとき

$$a_k = a_2 a_1{}^{k-2} = a_1{}^2 a_1{}^{k-2} = a_1{}^k$$

となり，$a_k = r^k$ は $k = 1$ でも成り立つ．

$$\boldsymbol{a_k = r^k}$$

《最高位の数》

37. 2^{555} は十進法で表すと 168 桁の数で，その最高位（先頭）の数字は 1 である．集合

   $\{2^n \mid n$ は整数で $1 \leqq n \leqq 555\}$

の中に，十進法で表したとき最高位の数字が 4 となるものは全部で □ 個ある．(06　早稲田大・教育)

中学入試にも出題されたことがある問題で，問題文さえ丁寧にすれば，鶴亀算で小学生にも解ける．

▶**解答**◀　記述を統一的にする都合上，2^0 から書く．2^n の桁数が同じもので群を作る．

1 桁：1, 2, 4, 8
2 桁：16, 32, 64
3 桁：128, 256, 512
4 桁：1024, 2048, 4096, 8192
　　　$\vdots$
167 桁：…，2^{554}
168 桁：2^{555}

となる．最後のあたりがこうなる理由は次に述べる．2^{555} は最高位が 1 だから，168 桁の群の先頭にある．これを 2 で割った 2^{554} は 167 桁の群の最後にある．

各群は項が 3 個，または 4 個で出来ている．その理由は次による．ただし，問題でいうように 2 から始めると，1 桁の群だけは「群の先頭の数の最高位は 1」が崩れるから，次の説明に合わないので，2^0 から始めた．1 桁の群の先頭の数は 1 で，最高位の数は 1 である．

1000…〜1999…（最高位が1のもの）を2倍すると
2000…〜3999…（最高位が2または3）になり，さらに2倍すると
4000…〜7999…（最高位が4，5，6，または7）になる．このとき最高位が5以上なら，2倍すると桁上がりする．最高位が4の場合は2倍して同じ桁であり，さらに2倍すると桁上がりする．

5000…〜9999…を2倍すると最高位は1となる．したがって，1桁の群から167桁の群について，項は2^0から2^{554}まで，全部で555項あり，これらについては，各群は項が3つまたは4つで出来ていて，各群の先頭は最高位が1の数である．最高位が4の数は4項からなる群の3番目にある．

167桁の群までで，3項の群がx個，4項の群がy個あるとすると

$$x + y = 167, 3x + 4y = 555$$

である．xを消去して

$$3 \cdot (167 - y) + 4y = 555$$

$y = 54$ で，最高位が4である項は**54**個ある．

注意 1°【周期性と言いたがる人達】

模擬試験に出題したときには，9割以上の生徒が，安易に「周期性」を持ち出した．
1桁：1, 2, 4, 8
2桁：16, 32, 64
3桁：128, 256, 512
4桁：1024, 2048, 4096, 8192
同じ桁数のものが4，3，3，4個あったから，4，3，3が繰り返されるというのである．それが正しいなら$3m-2$群の3番目に最高位が4のものがあることになる．$3m-2=166$を解いて$m=56$で近いが違う．

$\log_{10} 2^n = m + \alpha$ (mは0以上の整数，$0 \leqq \alpha < 1$) の形に表すとき，mを指標，αを仮数という．2^nの最高位は仮数からわかる．$\log_{10} 4 \leqq \alpha < \log_{10} 5$のとき，$2^n$の最高位は4になる．$a$が正の無理数のとき$na$の小数部分は0と1の間に一様分布するというワイルの定理があり，これは周期的にはならない．

2°【出題履歴】

2^nで最高位が1, 4のものの個数を求める問題は，古くは私が最初に予備校の模擬試験に出題し2004年早大・商，2006年早大・教育，2014年信州大，2018年立命館大・文系など多く出題された．なおアメリカの数学オリンピック用の問題集に同趣旨の問題がある．

━━━《鹿野健問題》━━━

38. 数列 $\{a_n\}$ は次の条件を満たしている．
$$a_1 = 3,$$
$$a_n = \frac{S_n}{n} + (n-1) \cdot 2^n \quad (n = 2, 3, 4, \cdots)$$
ただし，$S_n = a_1 + a_2 + \cdots + a_n$ である．このとき，数列 $\{a_n\}$ の一般項を求めよ．(23 京大・文系)

【元祖】受験雑誌『大学への数学』第3巻(1959年)で行われた読者の作問コンクールで，第3位になった鹿野健氏(当時麻布高校3年，後に山形大教授)の問題が

> $n = 1, 2, \cdots$ について
> $S_n = \dfrac{1}{2}\left(a_n + \dfrac{1}{a_n}\right), a_n > 0$
> が成り立つとき a_n を求めよ．

である．$a_1 = \dfrac{1}{2}\left(a_1 + \dfrac{1}{a_1}\right), a_1 > 0$ から $a_1 = 1$ である．問題はこの後で，通常，このタイプは，
$$S_n - S_{n-1} = a_n \ (n = 2, 3, \cdots)$$
を用いて S_n を消去するのが定石である．ところが，それをやってみると
$$a_n = \frac{1}{2}\left(a_n + \frac{1}{a_n}\right) - \frac{1}{2}\left(a_{n-1} + \frac{1}{a_{n-1}}\right) (n \geqq 2)$$
となって，分母をはらうと煩雑になる．

鹿野氏の用意した解法は，$a_n = S_n - S_{n-1}$ を用いて a_n を消去する方針である．そうすると

$2S_n = S_n - S_{n-1} + \dfrac{1}{S_n - S_{n-1}}$ となり，分母をはらうと $S_n{}^2 - S_{n-1}{}^2 = 1$ となる．$S_n{}^2$ は公差 1 の等差数列となり，$S_n{}^2 = n$ となり，容易に $a_n = \sqrt{n} - \sqrt{n-1}$ を得る．

▶解答◀ $a_n = S_n - S_{n-1}$ を代入して

$S_n - S_{n-1} = \dfrac{S_n}{n} + (n-1)2^n$

$nS_n - nS_{n-1} = S_n + n(n-1)2^n$

$(n-1)S_n - nS_{n-1} = n(n-1)2^n$

(S_n に $n-1$ が掛かり，S_{n-1} に n が掛かっているから，これを逆にするために) $n(n-1) \neq 0$ で割って

$\dfrac{S_n}{n} - \dfrac{S_{n-1}}{n-1} = 2^n$

n を $2, 3, \cdots, n$ にした式を
辺ごとに加え

$\dfrac{S_n}{n} - \dfrac{S_1}{1} = 2^2 \cdot \dfrac{1 - 2^{n-1}}{1 - 2}$

結果は $n=1$ でも成り立つ．

$\dfrac{S_n}{n} - 3 = 2^{n+1} - 4$

$S_n = n(2^{n+1} - 1)$ となる．

$\dfrac{S_2}{2} - \dfrac{S_1}{1} = 2^2$

$\dfrac{S_3}{3} - \dfrac{S_2}{2} = 2^3$

$\dfrac{S_4}{4} - \dfrac{S_3}{3} = 2^4$

$\vdots$

$\dfrac{S_n}{n} - \dfrac{S_{n-1}}{n-1} = 2^n$

$a_n = \dfrac{S_n}{n} + (n-1) \cdot 2^n$

は $n=1$ でも成り立つから，ここに代入し

$a_n = 2^{n+1} - 1 + (n-1) \cdot 2^n = \boldsymbol{(n+1)2^n - 1}$

なお S_n を求めた後で $a_n = S_n - S_{n-1}$ ($n \geqq 2$) に代入してもよい．結果は $n=1$ でも成り立つ．

♦別解♦ 【S_n を消去する】

$$a_n = \frac{S_n}{n} + (n-1) \cdot 2^n \quad (n = 2, 3, 4, \cdots)$$

で $n=1$ としてみると $a_1 = S_1$ で，これは成り立つ．

$$S_n = na_n - n(n-1)2^n \ (n \geq 1) \quad \cdots\cdots\cdots ①$$

$$S_{n+1} = (n+1)a_{n+1} - (n+1)n2^{n+1} \quad \cdots\cdots\cdots ②$$

② − ① より

$a_{n+1} = (n+1)a_{n+1} - na_n - (n+1)n2^{n+1} + n(n-1)2^n$

$0 = na_{n+1} - na_n - (n+1)n2^{n+1} + n(n-1)2^n$

n で割って $0 = a_{n+1} - a_n - (n+1)2^{n+1} + (n-1)2^n$

$a_{n+1} - a_n = (n+1)2^{n+1} - (n-1)2^n$

$(n-1)2^n$ を $n2^n$ と 2^n に分けて

$a_{n+1} - a_n = (n+1)2^{n+1} - n2^n + 2^n$

$(n+1)2^{n+1}$ と $n2^n$ は 1 つズレた形だから，それぞれ a_{n+1}, a_n とセットにして

$a_{n+1} - (n+1)2^{n+1} = a_n - n2^n + 2^n$

となる．ついでに 2^n を $2^{n+1} - 2^n$ に変えて

$a_{n+1} - (n+1)2^{n+1} = a_n - n2^n + 2^{n+1} - 2^n$

$a_{n+1} - (n+1)2^{n+1} - 2^{n+1} = a_n - n2^n - 2^n$

だから，$a_n - n2^n - 2^n$ は一定で

$$a_n - n2^n - 2^n = a_1 - 2 - 2$$

$$a_n = \boldsymbol{(n+1)2^n - 1}$$

《変数を集めよ》

39. n を自然数とする.
(1) $\left(1+\dfrac{2}{n}\right)^n \geqq 3$
が成り立つことを証明せよ.
(2) 不等式
$$(n+1)^{n-1}(n+2)^n \geqq 3^n(n!)^2$$
が成り立つことを数学的帰納法により証明せよ.
(11 学習院大・経)

(2) 普通の帰納法であるが, 両辺に文字があるから, 混乱しやすい. こういうときは「変数を集めよ」がよい.

▶解答◀ (1) $x > 0$ のとき, 二項定理より
$(1+x)^n = 1 + {}_nC_1 x + {}_nC_2 x^2 + \cdots + x^n \geqq 1 + nx$
$$\left(1+\dfrac{2}{n}\right)^n \geqq 1 + n \cdot \dfrac{2}{n} = 3$$

(2) $\dfrac{(n+1)^{n-1}(n+2)^n}{3^n(n!)^2} \geqq 1$

を証明する. $f_n = \dfrac{(n+1)^{n-1}(n+2)^n}{3^n(n!)^2}$ とおく.

$$\dfrac{f_{n+1}}{f_n} = \dfrac{\dfrac{(n+2)^n(n+3)^{n+1}}{3^{n+1}((n+1)!)^2}}{\dfrac{(n+1)^{n-1}(n+2)^n}{3^n(n!)^2}}$$
$$= \dfrac{(n+3)^{n+1}}{3(n+1)^{n-1}} \cdot \dfrac{(n!)^2}{((n+1)!)^2} = \dfrac{(n+3)^{n+1}}{3(n+1)^{n+1}}$$
$$= \dfrac{1}{3}\left(1+\dfrac{2}{n+1}\right)^{n+1} \geqq 1$$

である. ただし(1)で n を $n+1$ にした式

$\left(1+\dfrac{2}{n+1}\right)^{n+1} \geqq 3$ を用いた．$\dfrac{f_{n+1}}{f_n} \geqq 1$ より $f_{n+1} \geqq f_n$ である．$f_1 = 1$ である．もはや帰納法によるまでもないが，一応帰納法の形をとろう．

$n=1$ で成り立つ．$n=k$ で成り立つとする．$f_k \geqq 1$ である．$f_{k+1} \geqq f_k \geqq 1$ である．$n=k+1$ でも成り立つから数学的帰納法により証明された．

♦別解♦ （2） $n=1$ のとき $3 \geqq 3$ で成り立つ．
$n=k$ で成り立つとする．
$(k+1)^{k-1}(k+2)^k \geqq 3^k (k!)^2$ ……………………①
これを利用して $n=k+1$ のときの式
$(k+2)^k(k+3)^{k+1} \geqq 3^{k+1}((k+1)!)^2$
を示す．① を $(k+1)^{k-1}$ で割って $(k+3)^{k+1}$ を掛け

$$(k+2)^k(k+3)^{k+1} \geqq \dfrac{(k+3)^{k+1} \cdot 3^k (k!)^2}{(k+1)^{k-1}}$$
$$= 3^k((k+1)!)^2 \cdot \dfrac{(k+3)^{k+1}}{(k+1)^{k+1}}$$
$$= 3^k((k+1)!)^2 \left(1+\dfrac{2}{k+1}\right)^{k+1}$$
$$\geqq 3 \cdot 3^k((k+1)!)^2$$

ここで $\left(1+\dfrac{2}{k+1}\right)^{k+1} \geqq 3$ を用いた．$n=k+1$ でも成り立つ．

═══《数を置き換える》═══

40. $n+1$ 個の数の組 $1, 2, 4, \cdots, 2^n$ に対して，次の操作を考える．2つの異なる数 x, y を取り除き，代わりに $|x-y|$ を加える．次の例のように，この操作を繰り返すと最後に1つの数を得ることができる．

「1, 2, 4, 8, 16」$\Longrightarrow$「1, 4, 6, 16」
(2, 8 を取り除き 6 を加えた)
$\Longrightarrow$「1, 4, 10」(6, 16 を取り除き 10 を加えた)
$\Longrightarrow$「3, 10」(1, 4 を取り除き 3 を加えた)
$\Longrightarrow$「7」(3, 10 を取り除き 7 を加えた)

このとき，数の組 1, 2, 4, 8, 16 から 7 が生成されるということにする．次の問いに答えよ．

(1) 数の組が 1, 2, 4 のとき，生成される数をすべて求めよ．
(2) 数の組が 1, 2, 4, 8 のとき，生成される数をすべて求めよ．
(3) 数の組が 1, 2, 4, 8, 16, 32, 64, 128 のとき，127 を生成する操作の手順を1つ答えよ．
(4) 数の組が $1, 2, 4, \cdots, 2^n$ のとき，生成される数が $1, 3, 5, \cdots, 2^n-1$ であることを数学的帰納法を用いて証明せよ．

(05 大阪工大)

▶解答◀ （1） $1, 2, 4 \Longrightarrow 1, 4 \Longrightarrow 3$
$1, 2, 4 \Longrightarrow 2, 3 \Longrightarrow 1$
$1, 2, 4 \Longrightarrow 1, 2 \Longrightarrow 1$　生成される数は **1, 3**

（2）　1, 2, 4, 8 から 1, 2, 4 にすると，後は（1）と同じで 1, 3 が生成される．8 を残して 1, 2, 4 から 1 または 3 にする．つまり $\{1, 8\}$ または $\{3, 8\}$ にする．次は 7 または 5 になる．1, 3, 5, 7 が生成される．これ以外に出来ないことは（4）に書く．

（3）　32, 64 から 32 にして，16, 32 から 16 にして，8, 16 から 8 にして，4, 8 から 4 にして，2, 4 から 2 にして，1, 2 から 1 にして，1, 128 から 127 にする．

（4）　偶数の差からは偶数しか得られない．1 を使うと奇数が出来て，奇数は最初 1 しかないから，奇数は最後まで 1 個しかない．最後に残るのは 2^n より小さな奇数である．1, 2 から 1 が生成される．$n = 1$ で成り立つ．$n = k$ で成り立つとする．1, 2, $\cdots$, 2^k からは $1 \sim 2^k - 1$ の間のすべての奇数が生成される．$n = k+1$ のとき，1, 2, $\cdots$, 2^k, 2^{k+1} で，最初に $2^k, 2^{k+1}$ から 2^k にすると，1, 2, $\cdots$, 2^k になり，$1 \sim 2^k - 1$ の間のすべての奇数が生成される．次に，2^{k+1} は残しておいて 1, 2, $\cdots$, 2^k から $1 \sim 2^k - 1$ の間のすべての奇数が生成され，残しておいた 2^{k+1} と $1 \sim 2^k - 1$ の間のすべての奇数から，$(2^{k+1} - (2^k - 1) = 2^k + 1) \sim 2^{k+1} - 1$ までのすべての奇数が得られる．$n = k+1$ でも成り立つから証明された．

=== 《帰納法と背理法》 ===

41. 正の整数 a と b が互いに素であるとき,正の整数からなる数列 $\{x_n\}$ を
$$x_1 = x_2 = 1,\ x_{n+1} = ax_n + bx_{n-1}\ (n \geq 2)$$
で定める.このとき,すべての正の整数 n に対して x_{n+1} と x_n が互いに素であることを証明せよ.

(04 名大・理系)

数学的帰納法を習ったとき,気持ちが悪かった.
(普通の帰納法) $n=1$ での成立を示す.$n=k$ での成立を仮定して,$n=k+1$ での成立を示す.

第一の疑問点は「この k は,ある k か,任意の k か」である.結論は「ある k (k は固定された値) に対して $n=k$ で成り立つとしたとき,$n=k+1$ で成り立つ」が任意の k (この後で k を動かす) で成り立つ,である.第二の疑問点は,伝わりやすい性質の場合は問題ないが,伝わりにくい性質があることだ.「正の整数が互いに素」とは,共通な素因数をもたないことで,少なくとも一方が 1 か,両方とも 2 以上で,同じ素因数をもたないことである.宝くじ売り場の行列で,先頭から 100 番目まで,隣同士が知り合いでなくても,100 番目と 101 番目は知り合い,は起こり得る.「知り合いでない」は伝わりにくい.x_n と x_{n+1} に共通な素因数がないことを示すためには「あると仮定して矛盾を示す」背理法がよい.

▶解答◀ $x_3 = ax_2 + bx_1 = a + b$

$x_1 = 1$ と $x_2 = 1$ は互いに素である． ·················①

$x_2 = 1$ と $x_3 = a + b$ は互いに素である． ···············②

　背理法で証明する．「ある k で初めて x_k と x_{k+1} が互いに素でなくなる」と仮定して矛盾することを示す．つまり x_1 と x_2 は互いに素，x_2 と x_3 は互いに素，……，x_{k-1} と x_k は互いに素だが，x_k と x_{k+1} が共通な素数の約数をもったとする．その素数の1つを p とする．この k は3以上である．①，②に注意すると，互いに素でなくなることがあるとすれば「x_3 と x_4 以後」だからである．ここで次のことに注意しよう．x_k と x_{k+1} はともに p の倍数だが，x_{k-1} と x_k は互いに素だから，x_{k-1} は p の倍数でない．さて，$x_{k+1} = ax_k + bx_{k-1}$ であり，x_k と x_{k+1} が p の倍数だから $x_{k+1} - ax_k = bx_{k-1}$
の左辺は p の倍数である．よって bx_{k-1} も p の倍数である．ところが x_{k-1} は p の倍数でないから，b が p の倍数である． ··③

　次に $x_k = ax_{k-1} + bx_{k-2}$ を作る．$k - 2 \geq 1$ である．x_k と b が p の倍数だから $x_k - bx_{k-2} = ax_{k-1}$
の左辺は p の倍数である．よって ax_{k-1} も p の倍数である．ところが x_{k-1} は p の倍数でないから，a が p の倍数である．③と合わせて「a と b がともに p の倍数」となり「a と b が互いに素」に矛盾する．証明された．

═══《素数と帰納法》═══

42. 素数を小さい順に並べて得られる数列を
$p_1, p_2, \cdots, p_n, \cdots$ とする.
（1） p_{15} の値を求めよ.
（2） $n \geq 12$ のとき, 不等式 $p_n > 3n$ が成り立つ
ことを示せ. (24 阪大・文系)

3以上の素数は奇数であり, 隣り合った素数は, 最小で2離れている. たとえば3と5, 5と7, 11と13などは双子素数と呼ばれる. $n=k$ のときの式 $p_k > 3k$, $n=k+1$ のときの式 $p_{k+1} > 3k+3$ では左辺同士比べた場合, 2以上離れているが, 右辺同士を比べた場合, 3離れている. その1違いをどうするかが問題である. 帰納法で易しく証明できる, 大変綺麗な良問である.

▶**解答**◀ （1） 素数を小さい順に並べると,

2, 3, 5, 7, 11, 13, 17, 19, 23, 29, 31, 37, 41, 43, 47, …

となる. よって, $p_{15} = \mathbf{47}$ である.

（2） 今は12番目以後の素数を考えるからその素数は奇数であり常に $p_{n+1} \geq p_n + 2$ が成り立つ.

$n=12$ のとき, $p_{12} = 37 > 3 \cdot 12$ より, 成り立つ.
$n = k \geq 12$ で成り立つとする. $p_k > 3k$ である.

$p_{k+1} \geq p_k + 2 > 3k + 2$

p_{k+1} は $3k+2$ より大きな整数であるから,
$p_{k+1} \geq 3(k+1)$ となるが, $3(k+1)$ は3より大きな3の倍数であり素数ではないから, この等号は成立しない. $p_{k+1} > 3(k+1)$ であり, $n=k+1$ で成り立つ. 数学的帰納法により証明された.

♦別解♦ 【帰納法を使わない解法】

m を自然数として，$6m+1, 6m+2, 6m+3$ で素数になり得るのは $6m+1$ の多くても 1 個である．$6m+4, 6m+5, 6m+6$ で素数になり得るのは $6m+5$ の多くても 1 個である．3 刻みで区切っていく．1, 2, 3 には素数が **2 個ある**．4, 5, 6 には素数が 1 個ある．7, 8, 9 には素数が 1 個ある．10, 11, 12 には素数が 1 個ある．13, 14, 15 には素数が 1 個ある．16, 17, 18 には素数が 1 個ある．19, 20, 21 には素数が 1 個ある．22, 23, 24 には素数が 1 個ある．25, 26, 27 には素数が**ない**．28, 29, 30 には素数が 1 個ある．31, 32, 33 には素数が 1 個ある．34, 35, 36 には素数が**ない**．平均的には「3 ずつ区切った中に素数が 1 個ずつある」が，この時点で 1 個足りないことに注意せよ．以下続け，$3n$ までに素数は多くても $n-1$ 個しかない．よって n 番目の素数は $3n$ より大きい．

《フィボナッチ数と帰納法》

43. 次の条件によって定められる数列 $\{a_n\}$ がある．

$$a_1 = 1, a_2 = 1,$$
$$a_{n+2} = a_{n+1} + a_n \ (n = 1, 2, 3, \cdots)$$

2以上の自然数 m は，数列 $\{a_n\}$ の互いに異なる2個以上の項の和で表されることを，数学的帰納法によって示せ． (17 九大・工・後)

$n = 1, \cdots, k$ での成立を仮定して $n = k+1$ での成立を示す帰納法を，私は人生帰納法と呼んでいる．本問の数列はフィボナッチ数列といい，次の表現をフィボナッチ表現という．$a_n : 1, 1, 2, 3, 5, \cdots$ は大きくなっていく．

「2以上の任意の自然数 m は

$$m = \sum_{i=2}^{M} x_i a_i$$

(M は m によって定まる自然数，$x_i = 0$ または $x_i = 1$) の形で表される」ということである．美しい問題である．

▶解答◀ 数列 $\{a_n\}$ は増加列である．

$a_1 = 1, a_2 = 1, a_3 = 2, a_4 = 3, a_5 = 5, \cdots$

$2 = a_1 + a_2$ だから問題文の「互いに異なる」とは値が異なることではなく，添え字が異なることを意味する．

$$3 = a_1 + a_3, \ 4 = a_1 + a_4$$

$m = 2, 3, 4$ のとき成り立つ．

$m ≦ N\,(N ≧ 4)$ で成り立つとする．N 以下 2 以上の任意の自然数は，数列 $\{a_n\}$ の異なる添え字をもつ 2 個以上の項の和として表される．数列 $\{a_n\}$ は自然数の値をとって，いくらでも増加するから

$$a_l ≦ N+1 < a_{l+1}$$

となる自然数 $l\,(≧ 4)$ が存在する．各辺から a_l を引いて

$$0 ≦ N+1-a_l < a_{l+1}-a_l = a_{l-1}$$
$$0 ≦ N+1-a_l < a_{l-1} \quad \cdots\cdots\cdots\cdots\cdots\cdots\text{①}$$

$N+1-a_l = 0$ の場合は $N+1 = a_l = a_{l-1}+a_{l-2}$
$N+1-a_l = 1$ の場合は $N+1 = a_l + a_1$
$2 ≦ N+1-a_l < a_{l-1}$ の場合は ① より $N+1-a_l\,(≦ N)$ は a_1 から a_{l-2} までの数列 $\{a_n\}$ の 2 個以上の項の和として表される．それを仮に $a_i+\cdots+a_j\,(1 ≦ i < j ≦ l-2)$ と表すと

$$N+1 = a_i + \cdots + a_j + a_l$$

となり，$N+1$ は数列 $\{a_n\}$ の異なる 3 個以上の項の和として表される．$m = N+1$ でも成り立つから，数学的帰納法により証明された．

―――《群数列の逆》―――

44. 自然数 m, n に対して $f(m, n)$ を
$$f(m, n) = \frac{1}{2}\{(m+n-1)^2 + (m-n+1)\}$$
で定める．以下の問いに答えよ．
（1） $f(m, n) = 100$ をみたす m, n を 1 組求めよ．
（2） 任意の自然数 k に対し，$f(m, n) = k$ をみたす m, n がただ 1 組存在することを示せ．

(08 早稲田大・理工)

問題の $f(m, n)$ は何度も見たことがあるだろう．1 群が $\frac{1}{1}$, 2 群が $\frac{1}{2}, \frac{2}{1}$, 3 群が $\frac{1}{3}, \frac{2}{2}, \frac{3}{1}$,
4 群が $\frac{1}{4}, \frac{2}{3}, \frac{3}{2}, \frac{4}{1}$, … となるような，群数列の問題である．$l = m + n - 1$ とする．

| 1 群
1 項
$\frac{1}{1}$ | 2 群
2 項
$\frac{1}{2}, \frac{2}{1}$ | … | $l-1$ 群
$l-1$ 項
 | l 群
l 項
…, $\frac{m}{n}$, … | … |

となり，$\frac{m}{n}$ が入っている群の，1 つ前の群までの項数は $1 + 2 + \cdots + (l-1) = \frac{1}{2}l(l-1)$ であるから $\frac{m}{n}$ は最初から数えて $\frac{1}{2}l(l-1) + m$ 番目にある．$\frac{m}{n}$ がある群の最後までの項数は $\frac{1}{2}l(l+1)$ である．

▶**解答**◀ (1) $m+n-1=l$ とおく.

$$f(m,n) = \frac{1}{2}\{(m+n-1)^2 + (m+n-1) - 2n + 2\}$$
$$= \frac{1}{2}(m+n-1)(m+n) - (n-1)$$
$$= \frac{1}{2}l(l+1) - (n-1) \quad \cdots\cdots\cdots①$$

マイナスより足す方がよい. $n-1 = l-m$ だから

$$f(m,n) = \frac{1}{2}l(l+1) - (l-m)$$
$$f(m,n) = \frac{1}{2}l(l-1) + m \quad \cdots\cdots\cdots②$$

①, ②より

$$\frac{1}{2}l(l-1) < f(m,n) \leqq \frac{1}{2}l(l+1) \quad \cdots\cdots③$$

$f(m,n) = 100$ のとき

$$\frac{1}{2}l(l-1) < 100 \leqq \frac{1}{2}l(l+1)$$

$\frac{1}{2}l^2 \fallingdotseq 100$ とすると $l^2 \fallingdotseq 200$ となり $l \fallingdotseq 10\sqrt{2} = 14.1\cdots$ となる. $l = 14$ としてみると $91 < 100 \leqq 105$ で成り立つ. $\frac{1}{2}l(l-1) + m = 100$ で $l = 14$ であるから $91 + m = 100$ となり, **$m=9$** である. $m+n-1=14$ より **$n=6$**

(2) ③で $f(m,n) = k$ とおくと

$$\frac{1}{2}l(l-1) < k \leqq \frac{1}{2}l(l+1) \quad \cdots\cdots\cdots④$$

$l^2 - l - 2k < 0$, $l^2 + l - 2k \geqq 0$ となり, $l^2 - l - 2k = 0$ の正の解は $l = \frac{1+\sqrt{1+8k}}{2}$, $l^2 + l - 2k = 0$ の正の解は $l = \frac{-1+\sqrt{1+8k}}{2}$ となる. ④の解は

$$\frac{-1+\sqrt{1+8k}}{2} \leqq l < \frac{1+\sqrt{1+8k}}{2} \quad \cdots\cdots⑤$$

となり，$\dfrac{-1+\sqrt{1+8k}}{2}$ と $\dfrac{1+\sqrt{1+8k}}{2}$ の差は 1 であるから ⑤ を満たす自然数 l はただ 1 つ存在する．なお $\dfrac{-1+\sqrt{1+8k}}{2} \geqq \dfrac{-1+3}{2} = 1$ である．その l に対して $k = \dfrac{1}{2}l(l-1) + m$ となる自然数 m がただ 1 つ存在する．$m + n = l + 1$ から自然数 n が定まる．

注意 【天井関数】

⑤ は $l - 1 < \dfrac{-1+\sqrt{1+8k}}{2} \leqq l$

と書けて，$l = \left\lceil \dfrac{-1+\sqrt{1+8k}}{2} \right\rceil$ である．なお，$N - 1 < x \leqq N$ を満たす整数 N は x の小数部分を切り上げた整数といい，$N = \lceil x \rceil$ と表す．ceiling function という．無理に訳せば天井関数である．

―《紙を折る》―

45. $P(x, y)$ を4点
$O(0, 0)$, $A(1, 0)$, $B(1, 1)$, $C(0, 1)$
で作られる正方形の内部または境界上の点，Q は線分 OA 上の点，R は線分 OC 上の点とする．このとき，条件 $PQ = OQ$, $PR = OR$
をみたす点 P 全体がつくる図形の面積は
$\dfrac{\pi}{\Box} + \Box$ である．

(09 慶應大・環境情報)

2010 年には筑波大附属駒場中学の入試に出題され，何度か類題が出題された．出題者は座標で解けと図に書いているが，生徒は，ほぼ全員次のようにする．問題用紙の隅っこを折る．Q を A に固定して R の位置を変え，グリグリと折り返し，P は A を中心，半径 1 の四分円を描く（図 1）．

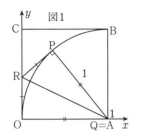

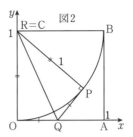

R を C に固定して同じように紙を折り，P は C を中心，半径 1 の四分円を描く（図 2）．2 つの四分円の重なりの部分が答え，とする（図 3）．空欄補充問題だし，答えがあえばよしとす

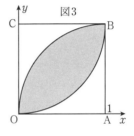

るなら，これで終わりである．面積は，2 つの四分円の面積の和 $\dfrac{\pi \cdot 1^2}{4} \cdot 2$ から全体の正方形の面積 1 を引いて $\dfrac{\pi}{2} - 1$ で，小学校では $\pi = 3.14$ だから，面積が 0.57 になる．そこで中学受験の世界では図形が図 3 になる問題は「0.57 問題」と呼ばれ，図 3 を見た途端に 0.57 と答えるらしい．しかし，図 3 の網目の中で，抜けることがないのか？ P が満たすべき必要十分条件は $AP \leqq 1$, $CP \leqq 1$ であることを幾何で論証しよう．

▶**解答**◀ 点Pに対して
線分OA上にQ, 線分OC
上にRをとって
QP = QO, RP = RO
にできるかが問題である.
QP = QO に AQ を加えて
QP + AQ = QO + AQ とな

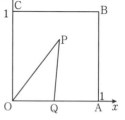

り右辺はOA = 1に等しいからQP + AQ = 1となる.

OP + OA = OP + OQ + AQ ≧ QP + AQ ≧ AP
OP + 1 ≧ QP + AQ ≧ AP
(QP + AQ で Q = O にしたものが OP + 1, Q = A にしたものが AP である) よって辺 OA 上に QP + AQ = 1 となる Q が存在するために P の満たす必要十分条件は AP ≦ 1 である. 同様に R の存在条件は CP ≦ 1 である.

◆**別解**◆ 最後に, 出題者の想定解である.

Q(q, 0), R(0, r) とする. PQ = OQ, PR = OR を式にする. $q^2 = (x-q)^2 + y^2$, $r^2 = x^2 + (y-r)^2$ となる. $x > 0$, $y > 0$ の場合を考えればよい.

$$q = \frac{x^2 + y^2}{2x}, \quad r = \frac{x^2 + y^2}{2y}$$

$q \leq 1$, $r \leq 1$ より $\dfrac{x^2 + y^2}{2x} \leq 1$, $\dfrac{x^2 + y^2}{2y} \leq 1$

整理すると $(x-1)^2 + y^2 \leq 1$, $x^2 + (y-1)^2 \leq 1$

═══《どこを見るか》═══

46. 平面上に正方形 ABCD がある．点 P が辺 BC 上にあり，線分 AP を直径とする円が辺 CD に接するものとする．このとき，cos∠DAP = ☐ であり，また sin∠APD = ☐ である．

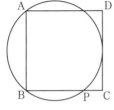

(24 明治大)

図形問題は線が多い．どこを見るか，また，どの手段を用いるかで難易が変わる．図形的に解く，三角関数の利用，ベクトルで計算，座標計算という解法の選択をする．本問では，方べきの定理が圧倒的に早いが，思いつかないときのために，他の解法も訓練しよう．

▶**解答**◀ ABの中点をO,CDの中点をM,PからADに下ろした垂線の足をHとする.正方形の一辺の長さを4としても角には影響しない.∠ABP = 90°であるからAPは円の直径である.方べきの定理よりCP・CB = CM^{2}であり,$4 \cdot \mathrm{CP} = 2^2$であるからCP = 1である.するとBP = 4 − 1 = 3である.AH = BP = 3となる.∠DAP = α,∠APD = βとおく.

図1
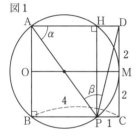

AB = 4, BP = 3であるからAP = 5となる.
$$\cos \alpha = \frac{\mathrm{AH}}{\mathrm{AP}} = \boldsymbol{\frac{3}{5}}$$
PD = $\sqrt{\mathrm{CP}^2 + \mathrm{CD}^2} = \sqrt{1+16} = \sqrt{17}$であり,三角形PDAの面積を2通りに表して
$$\frac{1}{2}\mathrm{PA} \cdot \mathrm{PD} \sin \beta = \frac{1}{2} \mathrm{PH} \cdot \mathrm{AD}$$
$$5\sqrt{17} \sin \beta = 4 \cdot 4$$
$$\sin \beta = \frac{16}{5\sqrt{17}} = \boldsymbol{\frac{16\sqrt{17}}{85}}$$

♦別解♦ $\angle \text{BAM} = \theta$ とおく．正方形の一辺の長さや点の名前，角の名前は上の解答を受け継ぐ．

$$\sin\theta = \frac{\text{OM}}{\text{AM}} = \frac{2}{\sqrt{5}}$$

AP の長さを求める．これは三角形 ABM の外接円の直径である．そこで正弦定理を用いる．

$$\text{AP} = \frac{\text{BM}}{\sin\theta} = \frac{2\sqrt{5}}{\frac{2}{\sqrt{5}}} = 5$$

$$\sin\alpha = \frac{\text{PH}}{\text{AP}} = \frac{4}{5}$$

$$\cos\alpha = \sqrt{1 - \sin^2\alpha} = \boldsymbol{\frac{3}{5}}$$

$\text{AH} = \text{AP}\cos\alpha = 3$ で $\text{DH} = 4 - 3 = 1$

$\text{DP} = \sqrt{\text{PH}^2 + \text{DH}^2} = \sqrt{4^2 + 1^2} = \sqrt{17}$

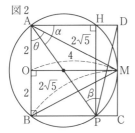
図 2

余弦定理より

$$\cos\beta = \frac{\text{PA}^2 + \text{PD}^2 - \text{AD}^2}{2 \cdot \text{PA} \cdot \text{PD}}$$

$$= \frac{25 + 17 - 16}{2 \cdot 5 \cdot \sqrt{17}} = \frac{13}{5\sqrt{17}}$$

$$\sin\beta = \sqrt{1 - \cos^2\beta} = \frac{\sqrt{256}}{\sqrt{25 \cdot 17}} = \boldsymbol{\frac{16\sqrt{17}}{85}}$$

♦別解♦ 図3のように座標軸を定める．円の方程式を $x^2+y^2+ax+c=0$ とおく．点 $(0,2), (4,0)$ を通るから，代入し，$4+c=0, 16+4a+c=0$ となり，$c=-4, a=-3$ となり，円は $x^2+y^2-3x-4=0$ となる．$\left(x-\dfrac{3}{2}\right)^2+y^2=\dfrac{25}{4}$

円の半径は $\dfrac{5}{2}$，直径 AP $=5$ となる．$y=-2$ とすると，$x^2-3x=0$ となり，正の解を採用して $x=3$ となる．BP $=3$ である．AH $=3$ となるから，

$$\cos\alpha=\frac{\text{AH}}{\text{AP}}=\frac{3}{5}$$

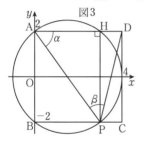

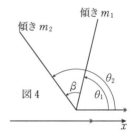

図3

図4

傾き m_1 の線分から傾き m_2 の線分に回る角を β とすると $\tan\beta=\dfrac{m_2-m_1}{1+m_1m_2}$ という公式があるから，$m_2=-\dfrac{4}{3}, m_1=4$ として

$$\tan\beta=\frac{-\dfrac{4}{3}-4}{1-\dfrac{4}{3}\cdot 4}=\frac{16}{13}$$

$$\sin\beta=\frac{16}{\sqrt{13^2+16^2}}=\frac{\mathbf{16\sqrt{17}}}{\mathbf{85}}$$

郵 便 は が き

112-8731

料金受取人払郵便

小石川局承認

1143

差出有効期間
2026年1月15
日まで

東京都文京区音羽二丁目
十二番二十一号

講談社

ブルーバックス 行

愛読者カード

あなたと出版部を結ぶ通信欄として活用していきたいと存じます。
ご記入のうえご投函くださいますようお願いいたします。

(フリガナ)
ご住所　　　　　　　　　　　　　　〒□□□-□□□□

(フリガナ)
お名前　　　　　　　　　　　　ご年齢　　　歳

電話番号

★ブルーバックスの総合解説目録を用意しております。
　ご希望の方に進呈いたします（送料無料）。
　1 希望する　　2 希望しない

TY 000019-2312

この本の タイトル	
	（B番号　　　）

① **本書をどのようにしてお知りになりましたか。**
　1　新聞・雑誌（朝・読・毎・日経・他：　　　）　2　書店で実物を見て
　3　インターネット（サイト名：　　　　　　　　）　4　X（旧Twitter）
　5　Facebook　6　書評（媒体名：　　　　　　　　　　　　　　　　　）
　7　その他（　　　　　　　　　　　　　　　　　　　　　　　　　　　）

② **本書をどこで購入しましたか。**
　1　一般書店　2　ネット書店　3　大学生協　4　その他（　　　　　　）

③ **ご職業**　1　大学生・院生（理系・文系）　2　中高生　3　各種学校生徒
　4　教職員(小・中・高・大・他)　5　研究職　6　会社員・公務員(技術系・事務系)
　7　自営　8　家事専業　9　リタイア　10　その他（　　　　　　）

④ **本書をお読みになって（複数回答可）**
　1　専門的すぎる　2　入門的すぎる　3　適度　4　おもしろい　5　つまらない

⑤ **今までにブルーバックスを何冊くらいお読みになりましたか。**
　1　これが初めて　2　1〜5冊　3　6〜20冊　4　21冊以上

⑥ **ブルーバックスの電子書籍を読んだことがありますか。**
　1　読んだことがある　2　読んだことがない　3　存在を知らなかった

⑦ **本書についてのご意見・ご感想、および、ブルーバックスの内容や宣伝面についてのご意見・ご感想・ご希望をお聞かせください。**

⑧ **ブルーバックスでお読みになりたいテーマを具体的に教えてください。今後の出版企画の参考にさせていただきます。**

★下記URLで、ブルーバックスの新刊情報、話題の本などがご覧いただけます。
　http://bluebacks.kodansha.co.jp/

《存在を示す》

47. 任意の三角形 ABC に対して次の主張（★）が成り立つことを証明せよ．

（★）辺 AB，BC，CA 上にそれぞれ点 P，Q，R を適当にとると三角形 PQR は正三角形となる．ただし P，Q，R はいずれも A，B，C とは異なる，とする．
(23 京大・総人・特色)

　気の利いた中学生なら，十分に合格点が取れる答案が書けるはずだ．2023年度の入試の最良問である．大変数学的な問題文である．最近は「任意」と書くべき場面で「すべて」と書く問題文が多い．すべての三角形 ABC は書けない．任意の1つを書くのである．

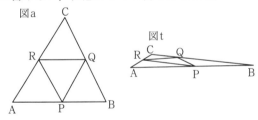

　たとえば図 a のような三角形を描いて「各辺の中点のあたりに，テキトーにとれば正三角形になるよね」と言ったとする．しかし図 t を描くと中点のあたりにとったら，正三角形にならない．どんな歪んだ三角形 ABC でも通用するように論証する．

▶**解答**◀　三角形 ABC の内角の中には 60° 以上のものがある．∠A ≧ 60° としても一般性を失わない．∠A = 2θ とおく．

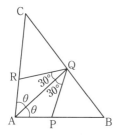

∠A の二等分線と辺 BC の交点を Q とする．Q は B と C の間にある（B，C には一致しない）．

$$\angle AQC = \angle QAB + \angle B = \theta + \angle B > 30°$$
$$\angle AQB = \theta + \angle C > 30°$$

であるから，∠AQR = 30°，∠AQP = 30° となる点 R を A と C の間（A, C には一致しない）に，P を A と B の間（A, B には一致しない）にそれぞれ取ることができる．三角形 AQP と三角形 AQR は一辺 AQ を共有し，その両端の二角が等しいから合同であり，PQ = RQ である．三角形 PQR は二等辺三角形であり，∠PQR = 60° であるから正三角形である．

=== 《実物を作れ》 ===

48. 三角形 ABC の辺 BC の中点を M, 角 A の二等分線と BC の交点を D とする. 辺 AB, AC, AM, AD の長さを順に c, b, x, y とする.
(1) $b+c > 2x$ であることを示せ.
(2) $b+c > 2y$ であることを示せ.

(11 佐賀大)

原題は余弦定理で計算をするように誘導がしてあった. しかし, それでは最適な解が避けられてしまうから, 誘導を削除した. いずれも長さの関係である. 平面幾何で論証する場合には「実物を作れ」が有効な指針の1つである. (1) で $2x$ を作る. 正しくは, どこかで「平行四辺形を作った経験」を覚えていなければならない.

しかし, (2) では $2y$ を作ってもうまくいかない. 今度は平行四辺形はできない. 一方で角の二等分の条件があるから, 角の条件を辺の長さの条件に言い換える. 辺の大小は角の大小に一致する.

▶**解答**◀ （1） AのMに関する対称点をEとする．

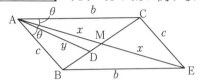

MはAEの中点であり，MはBCの中点である．すると三角形MABと三角形MECは合同であり，AB＝ECである．AC＋CE＞AEであるから$b+c>2x$である．

（2） $b\geqq c$としても一般性を失わない．$b+c>2x$であるから，$x\geqq y$を示せば証明が完了する．$b=c$のときは三角形ABCは二等辺三角形であり，M＝Dであるから$x=y$である．

$b>c$のときは，∠C＜∠Bであり，かつ，角の二等分線の定理により，$c:b=$BD：CDであるから，BD＜CDである．DはBとMの間にあり，∠A＝2θとおくと，∠MAC＜θである．

∠DMA＝∠MAC＋∠MCA
　　　＜θ＋∠C＜θ＋∠B＝∠MDA

よって$y<x$である．

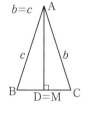
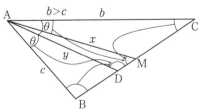

===《実物を作れ》===

49. 三角形 ABC の 3 辺の長さをそれぞれ

$$BC = a, CA = b, AB = c$$

とする．このとき

$$a^2 = b(b+c), C = 60°$$

が成立するなら，角度 A の値は □ である．

(12　兵庫医大)

方べきの定理を習っている中学生に解いてもらうと，習った定理が使えると，大変好評である．

▶解答◀　与えられた状態は図 1 である．このままでは $a^2 = b(b+c)$ が意味をもたない．これに意味をもたせるために $b+c$ を作る．$b+c$ を作り，$b, b+c$ が一直線上に並ぶようにする．

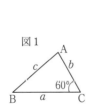

図 1

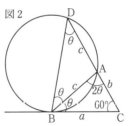

図 2

CA の A 方向への延長上に AD = AB となる点 D をとる．このとき CB = a, CA = b, CD = $b+c$ であるから，問題の条件 $a^2 = b(b+c)$ より $CB^2 = CA \cdot CD$ が成り立つ．方べきの定理の逆により三角形 ABD の外接円は点 B で直線 BC に接している．$\angle ABC = \theta$ とおくと，

接弦定理より
$$\angle \text{ADB} = \angle \text{ABC} = \theta$$
三角形 ADB は二等辺三角形だから
$$\angle \text{ABD} = \angle \text{ADB} = \theta$$
$$A = \angle \text{ABD} + \angle \text{ADB} = 2\theta$$

三角形 ABC の内角の和より $3\theta + 60° = 180°$ であり，$\theta = 40°$ であり，$A = 2\theta = \mathbf{80°}$

《図形は完成させて扱う》

50. 正六角形 ABCDEF の内部に点 P があり，△ABP，△CDP，△EFP の面積がそれぞれ 8, 10, 13 であるとき，△FAP の面積を求めよ．

(21 早稲田大・人間科学・数学選抜)

同様の問題が 2018 年の灘中学校で出題されている．三角形 ABP，CDP，EFP の面積が 3，5，8 のとき三角形 BCP の面積を求める問題で，答えは $\dfrac{8}{3}$ となる．それ以前から，中学受験の世界ではよく知られた問題らしい．解法の選択が重要である．図形的に解くか，座標計算する．図形的に解く場合，延長して，正三角形にする．

▶**解答**◀ △PGH は三角形 PGH の面積を表す．

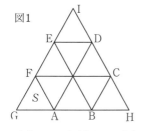
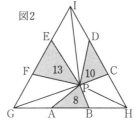

図 1，2 を見よ．正六角形を延長して図の正三角形 GHI を作る．この面積は

$$\triangle \text{PGH} + \triangle \text{PHI} + \triangle \text{PIG}$$
$$= 3(\triangle \text{PAB} + \triangle \text{PCD} + \triangle \text{PEF})$$
$$= 3(8 + 10 + 13) = 3 \cdot 31 = 93$$

$\triangle \mathrm{GAF} = S$ とおくと，$9S = 93$ であるから $S = \dfrac{31}{3}$ である．四角形 GAPF の面積を [GAPF] で表すと

$$[\mathrm{GAPF}] = \triangle \mathrm{PGA} + \triangle \mathrm{PFG}$$
$$= \triangle \mathrm{PAB} + \triangle \mathrm{PEF} = 8 + 13 = 21$$
$$S + \triangle \mathrm{FAP} = 21$$
$$\dfrac{31}{3} + \triangle \mathrm{FAP} = 21$$
$$\triangle \mathrm{FAP} = 21 - \dfrac{31}{3} = \boldsymbol{\dfrac{32}{3}}$$

♦別解♦ 座標計算で解く．
FA が水平な方がよい．
$\mathrm{AB} = 2a$ として，図のように座標を定める．
$\mathrm{AB} : y = \sqrt{3}(x - 2a)$，
$\mathrm{CD} : y = \sqrt{3}a$
$\mathrm{EF} : y = -\sqrt{3}(x + 2a)$，$\mathrm{FA} : y = -\sqrt{3}a$

P の座標を (X, Y) とし，P と直線 AB, CD, EF, FA の距離をそれぞれ h_1, h_2, h_3, h_4 とする．

$$h_1 = \dfrac{\left|Y - \sqrt{3}X + 2\sqrt{3}a\right|}{\sqrt{1^2 + (\sqrt{3})^2}} = \dfrac{\left|Y - \sqrt{3}X + 2\sqrt{3}a\right|}{2}$$

$$h_2 = \left|\sqrt{3}a - Y\right|$$

$$h_3 = \dfrac{\left|Y + \sqrt{3}X + 2\sqrt{3}a\right|}{\sqrt{1^2 + (\sqrt{3})^2}} = \dfrac{\left|Y + \sqrt{3}X + 2\sqrt{3}a\right|}{2}$$

$$h_4 = \left|Y + \sqrt{3}a\right|$$

P は O と同じ側にあるから，絶対値の中は正であり，

$\triangle \text{ABP} = \frac{1}{2} \cdot \text{AB} \cdot h_1$, $\triangle \text{CDP} = \frac{1}{2} \cdot \text{CD} \cdot h_2$,
$\triangle \text{EFP} = \frac{1}{2} \cdot \text{EF} \cdot h_3$ より

$$\frac{1}{2} \cdot 2a \cdot \frac{Y - \sqrt{3}X + 2\sqrt{3}a}{2} = 8 \quad \cdots\cdots\cdots\cdots① $$

$$\frac{1}{2} \cdot 2a \cdot (\sqrt{3}a - Y) = 10 \quad \cdots\cdots\cdots\cdots\cdots② $$

$$\frac{1}{2} \cdot 2a \cdot \frac{Y + \sqrt{3}X + 2\sqrt{3}a}{2} = 13 \quad \cdots\cdots\cdots\cdots③ $$

①+③ より $a(Y + 2\sqrt{3}a) = 21$ $\cdots\cdots\cdots\cdots$④

②+④ より $a \cdot 3\sqrt{3}a = 31$ であり $a^2 = \frac{31}{3\sqrt{3}}$ $\cdots\cdots\cdots$⑤

④ より $Y = \frac{21}{a} - 2\sqrt{3}a$

$h_4 = |Y + \sqrt{3}a| = \left|\frac{21}{a} - \sqrt{3}a\right| = \frac{21 - \sqrt{3}a^2}{a}$

$= \frac{21 - \frac{31}{3}}{a} = \frac{32}{3a}$

$\triangle \text{FAP} = \frac{1}{2} \cdot 2a \cdot h_4 = \mathbf{\frac{32}{3}}$

=== 《図形は完成させて扱う》 ===

51. 正三角形 ABC は，1 辺の長さが 1 である正六角形の辺上に 3 頂点をもつとする．
（1） このような正三角形 ABC の 1 辺の長さ AB の最大値と最小値を求めよ．
（2） 頂点 A が正六角形の 1 辺を 1：2 に内分しているとき AB^2 を求めよ．

（08 千葉大・教，理，工）

図 a を見よ．問題文の点とは別物とする．正三角形 ABC の辺（両端を除く）BC, CA, AB 上にそれぞれ点 P, Q, R をとり △PQR が正三角形とする．△BPR ≡ △CQP を示そう．

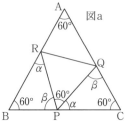

∠BPR + ∠BRP = 120°，∠BPR + ∠CPQ = 120°
∠CPQ + ∠CQP = 120° となるから ∠CPQ = α，
∠BPR = β とすると，∠BRP = α，∠CQP = β となり，三角形 BPR, CQP の内角は図 a の対応になる．また，PQ と PR の長さは等しい．△BPR ≡ △CQP である．同様に △CQP ≡ △ARQ である．

▶**解答**◀ （**1**） 正六角形を延長して図の正三角形 PQR を作る．3つの三角形 PAC, QBA, RCB は合同である．DA, FB, HC の長さを x とおく．三角形 QBA に余弦定理を用いて，

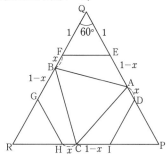

$$AB^2 = (1+x)^2 + (2-x)^2 - 2(1+x)(2-x)\cos 60°$$
$$= (1+x)^2 + (2-x)^2 - (1+x)(2-x)$$
$$= 3x^2 - 3x + 3 = 3\left(x - \frac{1}{2}\right)^2 + \frac{9}{4}$$

は $x = 0, 1$ で最大値 3 をとる．$x = \dfrac{1}{2}$ で最小値 $\dfrac{9}{4}$ をとる．AB の最大値は $\sqrt{3}$, 最小値は $\dfrac{3}{2}$

（**2**） $x = \dfrac{1}{3}, \dfrac{2}{3}$ のとき
$$AB^2 = 3x(x-1) + 3 = 3 \cdot \frac{1}{3} \cdot \left(-\frac{2}{3}\right) + 3 = \frac{7}{3}$$

―《辺と角の不等式》―

52. n を2以上の自然数とする．三角形 ABC において，辺 AB の長さを c，辺 CA の長さを b で表す．$\angle ACB = n \angle ABC$ であるとき，$c < nb$ を示せ．

(20 阪大・理系)

1975年の名古屋大に全く同じ問題がある．理系は一般の n で，文系は $n = 3$ で出題されたことも同じである．清宮俊雄著『幾何学』(モノグラフ，科学新興社)という名著がある．改訂版の p.103 に「一般の n への拡張」として，次の解法がある．知人（高校教員）は名古屋大受験のときに，この解法を閃いたらしい．凄い．

▶**解答**◀　図を見よ．図は $n = 3$ の場合である．$\angle ABC = \theta$ とおく．$\angle ACB$ の n 等分線を引き，三角形 ABC の外接円との交点を図のように $P_1, P_2, \cdots, P_{n-1}$ とする．図の黒丸はすべて θ を表す．

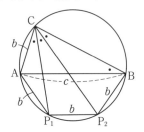

弧 CA, AP_1, P_1P_2, $\cdots$, $P_{n-1}B$ に対する円周角は，すべて θ である．線分 CA, AP_1, P_1P_2, $\cdots$, $P_{n-1}B$ の長さはすべて b である．2点 A, B の間を線分または折れ線で結ぶ．折れ線 $AP_1P_2\cdots B$ は線分 AB よりは長い．
$$c = AB < AP_1 + P_1P_2 + \cdots + P_{n-1}B = nb$$

♦別解♦ $\angle ABC = \theta$ とおく．$0 < \theta + n\theta < \pi$ であり，$0 < \theta < \dfrac{\pi}{n+1}$ である．正弦定理を用いて

$\dfrac{b}{\sin\theta} = \dfrac{c}{\sin n\theta}$ となり，$c = \dfrac{b\sin n\theta}{\sin\theta}$ となる．

$$nb - c = b\left(n - \frac{\sin n\theta}{\sin\theta}\right)$$
$$= \frac{(n\sin\theta - \sin n\theta)b}{\sin\theta} \quad\cdots\cdots\cdots\cdots\text{①}$$

$f(\theta) = n\sin\theta - \sin n\theta$ とおくと，
$$f'(\theta) = n\cos\theta - n\cos n\theta = n(\cos\theta - \cos n\theta)$$

$0 < \theta < \dfrac{\pi}{n+1}$, $0 < n\theta < \dfrac{n\pi}{n+1} < \pi$ であるから，$0 < \theta < n\theta < \pi$ で，$\cos\theta > \cos n\theta$ である．

したがって，$f'(\theta) > 0$ で，$f(\theta)$ は増加関数である．

$f(0) = 0$ であるから，$0 < \theta < \dfrac{\pi}{n+1}$ で $f(\theta) > 0$ となる．①より $nb - c > 0$ であるから証明された．

═══《回転移動で長さを集める》═══

53. 正三角形 ABC の内部に点 P があり，

$$PA = 5, PB = 6, PC = 7$$

であるとする．ただし左まわりに A，B，C の順であるとする．

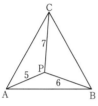
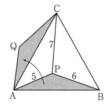

（1） A を中心として P を左まわりに 60 度回転した点を Q とし，∠PQC = θ とする．$\cos\theta$ を求めよ．

（2） 正三角形 ABC の面積を求めよ．

（08 松山大・薬）

回転して，5，6，7 で三角形を閉じるように移動している．

▶**解答**◀ （1） 三角形 APQ は正三角形であるから，PQ = 5 である．三角形 APB を回転したものが三角形 AQC であるから，QC = PB = 6 である．三角形 PQC に余弦定理を用いて

$$\cos\theta = \frac{5^2 + 6^2 - 7^2}{2 \cdot 5 \cdot 6} = \frac{12}{2 \cdot 5 \cdot 6} = \frac{1}{5}$$

$$\sin\theta = \sqrt{1 - \cos^2\theta} = \frac{2\sqrt{6}}{5}$$

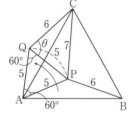

（2） $\cos(\theta + 60°) = \cos\theta\cos 60° - \sin\theta\sin 60°$

$$= \frac{1}{5} \cdot \frac{1}{2} - \frac{2\sqrt{6}}{5} \cdot \frac{\sqrt{3}}{2} = \frac{1 - 6\sqrt{2}}{10}$$

三角形 AQC に余弦定理を用いる．

$$AC^2 = 5^2 + 6^2 - 2 \cdot 5 \cdot 6\cos(\theta + 60°)$$
$$= 61 - 6(1 - 6\sqrt{2}) = 55 + 36\sqrt{2}$$

$$\triangle ABC = \frac{\sqrt{3}}{4}AC^2 = \frac{\sqrt{3}}{4}(55 + 36\sqrt{2})$$

$$= \frac{55\sqrt{3}}{4} + 9\sqrt{6}$$

《ポンスレの閉形問題》

54. Oを原点とする座標平面上に

放物線 $C_1: y = x^2$,

円 $C_2: x^2 + (y-a)^2 = 1$ $(a \geqq 0)$

がある．C_2 の点 $(0, a+1)$ における接線と C_1 が2点 A, B で交わり，$\triangle OAB$ が C_2 に外接しているとする．次の問に答えよ．

(1) a を求めよ．

(2) 点 (s, t) を $(-1, a)$, $(1, a)$, $(0, a-1)$ と異なる C_2 上の点とする．そして点 (s, t) における C_2 の接線と C_1 との2つの交点を $P(\alpha, \alpha^2)$, $Q(\beta, \beta^2)$ とする．このとき，$(\alpha - \beta)^2 - \alpha^2 \beta^2$ は s, t によらない定数であることを示せ．

(3) (2)において点 $P(\alpha, \alpha^2)$ から C_2 への2つの接線が再び C_1 と交わる点を $Q(\beta, \beta^2)$, $R(\gamma, \gamma^2)$ とする．$\beta + \gamma$ および $\beta\gamma$ を α を用いて表せ．

(4) (3)の Q, R に対し，直線 QR は C_2 と接することを示せ． (14 早稲田大・先進理工)

▶**解答**◀ （1） 図1を参照せよ．

A, B の座標は $(\pm\sqrt{a+1}, a+1)$ で，直線 OA, OB, は $y = \pm\sqrt{a+1}\,x$ である．C_2 の中心を D(0, a) として，D と直線 OA, OB の距離が C_2 の半径 1 に等しい．$\dfrac{|a|}{\sqrt{1+a+1}} = 1$ となり，$a^2 - a - 2 = 0$ となる．$(a+1)(a-2) = 0$ となり，$a \geqq 0$ より $\boldsymbol{a = 2}$

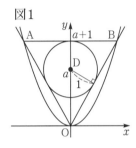
図1

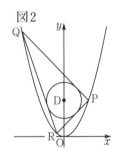
図2

（2） 直線 PQ の傾きは $\dfrac{\alpha^2 - \beta^2}{\alpha - \beta} = \alpha + \beta$
であり，直線 PQ は
$$y = (\alpha + \beta)(x - \alpha) + \alpha^2$$
$$(\alpha + \beta)x - y - \alpha\beta = 0$$
D(0, 2) との距離が円の半径 1 に等しいから
$$\frac{|2 + \alpha\beta|}{\sqrt{1 + (\alpha + \beta)^2}} = 1$$
$$4 + 4\alpha\beta + \alpha^2\beta^2 = 1 + (\alpha + \beta)^2 \quad \cdots\cdots\cdots\cdots\text{①}$$
$$(\alpha - \beta)^2 - \alpha^2\beta^2 = 3$$
$(\alpha - \beta)^2 - \alpha^2\beta^2$ は s, t によらない定数である．

（ 3 ） 図2を参照．点Pと異なる点$X(x, x^2)$について，直線PXが円C_2と接するとき，①と同様に

$$4 + 4\alpha x + \alpha^2 x^2 = 1 + (\alpha + x)^2$$
$$(\alpha^2 - 1)x^2 + 2\alpha x + 3 - \alpha^2 = 0 \quad \cdots\cdots\cdots\cdots ②$$

となる．このxがβ, γだから，解と係数の関係により

$$\beta + \gamma = -\frac{2\alpha}{\alpha^2 - 1}, \ \beta\gamma = \frac{3 - \alpha^2}{\alpha^2 - 1}$$

（ 4 ） $1 + (\beta + \gamma)^2 - (2 + \beta\gamma)^2$

$$= 1 + \frac{4\alpha^2}{(\alpha^2 - 1)^2} - \left(2 + \frac{3 - \alpha^2}{\alpha^2 - 1}\right)^2$$
$$= \frac{(\alpha^2 - 1)^2 + 4\alpha^2 - (1 + \alpha^2)^2}{(\alpha^2 - 1)^2} = 0$$

となるから $\dfrac{|2 + \beta\gamma|}{\sqrt{1 + (\beta + \gamma)^2}} = 1$ となり，直線 QR：$(\beta + \gamma)x - y - \beta\gamma = 0$ はC_2に接する．

注意 【ポンスレの閉形問題】2次曲線C_1, C_2がありC_1上の点PからC_2に接線を引き，その接線がC_1と再び交わった点からC_2に接線を引き，……と繰り返し，いつか，Pに戻ってきたら『初めのPをC_1上のどこにとっても，Pに戻ってくる』という事実がある．円と放物線では，88年名大，05年中央大などに，円と円では2020年の筑波大，2024年の京大・特色にある．ただし円と円の問題は『』の証明になっていない．

《回転移動》

55. 座標平面上に円
$$C: x^2 + y^2 - 22x - 4y + 100 = 0$$
があり，円 C の中心を P，半径を R とする．また，原点 O から円 C に 2 本の接線を引き，その接点を A, B とする．ただし，直線 OA の傾きは正，直線 OB の傾きは負である．

（1） 中心 P の座標と R の値は，
P($\Box$, $\Box$), $R = \Box$ である．

（2） 直線 OA の方程式は $y = \Box x$ であり，点 A の座標と △OAB の面積は A($\Box$, $\Box$)，
△OAB の面積 $= \Box$ である．(24 同志社女子大)

原題は設問が多すぎるので，設問数を半分にした．

▶解答◀ （1） $C:(x-11)^2 + (y-2)^2 = 25$

P(11, 2), $R = 5$

（2） $\angle \text{POA} = \theta$ とおく．
$\text{OP} = \sqrt{11^2 + 2^2} = \sqrt{125}$, $\text{AP} = 5$
$\text{OA} = \sqrt{\text{OP}^2 - \text{AP}^2} = 10$
$\text{OP} : \text{AP} : \text{OA} = 5\sqrt{5} : 5 : 10 = \sqrt{5} : 1 : 2$
$\cos\theta = \dfrac{2}{\sqrt{5}}$, $\sin\theta = \dfrac{1}{\sqrt{5}}$,
$\tan\theta = \dfrac{1}{2}$

複素平面で，A(α), B(β) とする．P($11+2i$)である．OA は OP を θ 回転して $\dfrac{\text{OA}}{\text{OP}} = \cos\theta$ 倍したものである．

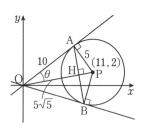

$$\alpha = (\cos\theta)(\cos\theta + i\sin\theta)(11+2i)$$
$$= \frac{2}{5}(2+i)(11+2i) = 8+6i$$
$$\beta = (\cos\theta)(\cos\theta - i\sin\theta)(11+2i)$$
$$= \frac{2}{5}(2-i)(11+2i) = \frac{48-14i}{5}$$

A($\mathbf{8, 6}$), B$\left(\dfrac{48}{5}, -\dfrac{14}{5}\right)$

$\triangle\text{OAB} = \dfrac{1}{2}\left|8\cdot\left(-\dfrac{14}{5}\right) - \dfrac{48}{5}\cdot 6\right| = \mathbf{40}$

◆別解◆ （2）原点から円 C に引いた接線の方程式を $y=kx$ とすると，これと円の方程式から

$$x^2 + k^2x^2 - 22x - 4kx + 100 = 0$$
$$(1+k^2)x^2 - 2(11+2k)x + 100 = 0$$

$x = \dfrac{11+2k \pm \sqrt{D_1}}{1+k^2}$ となる．

ただし $D_1 = (11+2k)^2 - 100(1+k^2)$ である．

$D_1 = -96k^2 + 44k + 21 = -6(4k)^2 + 11(4k) + 21 = 0$

のとき

$$4k = \frac{11 \pm \sqrt{121+504}}{12} = \frac{11 \pm \sqrt{625}}{12}$$
$$k = \frac{11 \pm 25}{48} = \frac{36}{48}, \frac{-14}{48} = \frac{3}{4}, -\frac{7}{24}$$

直線 OA は $y = \dfrac{3}{4}x$ で，$k = \dfrac{3}{4}$ のとき
$$x = \frac{11 + 2k}{1 + k^2} = \frac{11 + \dfrac{3}{2}}{1 + \dfrac{9}{16}} = \frac{8(22 + 3)}{25} = 8$$
$y = \dfrac{3}{4}x = 6$ となり A$(8, 6)$ である．

$k = -\dfrac{7}{24}$ のとき $x = \dfrac{11 + 2k}{1 + k^2} = \dfrac{48}{5}$

この方針の計算は面倒で，たいてい，諦める．以下省略．

注意 【三角関数の応用】$r \geqq 0$ として，
$\begin{pmatrix} x \\ y \end{pmatrix} = \begin{pmatrix} r\cos t \\ r\sin t \end{pmatrix}$ を θ 回転した点 $\begin{pmatrix} x' \\ y' \end{pmatrix}$ は
$\begin{pmatrix} x' \\ y' \end{pmatrix} = \begin{pmatrix} r\cos(\theta + t) \\ r\sin(\theta + t) \end{pmatrix}$
$= \begin{pmatrix} r\cos\theta\cos t - r\sin\theta\sin t \\ r\sin\theta\cos t + r\cos\theta\sin t \end{pmatrix}$
$= \begin{pmatrix} x\cos\theta - y\sin\theta \\ x\sin\theta + y\cos\theta \end{pmatrix}$

となる．これを $\begin{pmatrix} \cos\theta & -\sin\theta \\ \sin\theta & \cos\theta \end{pmatrix} \begin{pmatrix} x \\ y \end{pmatrix}$ と表現するのが１次変換である．

　指導要領の展開では三角関数の応用として回転をやるのもよいと書いていたから，昔から私はこれをすすめている．これでも十分範囲内である．なお，行列 $T = \begin{pmatrix} a & b \\ c & d \end{pmatrix}$ とベクトル $X = \begin{pmatrix} x \\ y \end{pmatrix}$ の積 TX は $TX = \begin{pmatrix} ax + by \\ cx + dy \end{pmatrix}$ となる．A は点 A の座標である．

P を θ 回転して $\cos\theta$ 倍に縮小し
$$A = \cos\theta \begin{pmatrix} \cos\theta & -\sin\theta \\ \sin\theta & \cos\theta \end{pmatrix} \begin{pmatrix} 11 \\ 2 \end{pmatrix}$$
$$= \frac{2}{5} \begin{pmatrix} 2 & -1 \\ 1 & 2 \end{pmatrix} \begin{pmatrix} 11 \\ 2 \end{pmatrix} = \frac{2}{5} \begin{pmatrix} 20 \\ 15 \end{pmatrix} = \begin{pmatrix} 8 \\ 6 \end{pmatrix}$$

同様に $-\theta$ 回転を考え
$$B = \cos\theta \begin{pmatrix} \cos\theta & \sin\theta \\ -\sin\theta & \cos\theta \end{pmatrix} \begin{pmatrix} 11 \\ 2 \end{pmatrix}$$
$$= \frac{2}{5} \begin{pmatrix} 2 & 1 \\ -1 & 2 \end{pmatrix} \begin{pmatrix} 11 \\ 2 \end{pmatrix} = \frac{2}{5} \begin{pmatrix} 24 \\ -7 \end{pmatrix}$$

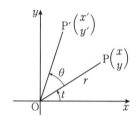

―《領域と最大・最小？》―

56. 食品 A は 1 個あたりタンパク質が 1.2g，食物繊維が 0.6g 含まれていて価格は 200 円，食品 B は 1 個あたりタンパク質が 1.6g，食物繊維が 0.4g 含まれていて価格は 250 円である．A，B を組み合わせて購入して，タンパク質が 20g 以上，食物繊維が 6g 以上含まれるようにしたい．購入金額を最小にするためには，A，B を何個ずつ購入すれば良いか．

	タンパク質	食物繊維
食品 A	1.2g	0.6g
食品 B	1.6g	0.4g
必要量	20g 以上	6g 以上

（23　愛知医大・看護）

学校で「領域を図示して直線 $K = 200x + 250y$ をずらして考え，交点のところで最小が起こる基本問題」かと思った．整数変数のためにそう簡単ではない．すると，P の近くの格子点 R(3, 11), S(4, 10) に目をうばわれる．しかし，最小を与えるのは Q(6, 8) であり，このとき $k = 64$ である．S(4, 10) のときの $k = 66$ は，T(5, 9) のときの $k = 65$ よりも大きい．l_3 は直線 $4x + 5y = 64$，l_4 は直線 $4x + 5y = 66$ である．図だけで考えるのは際どすぎる．結局，式で追いかけることになる．この頃，こうした問題が何題かある．

▶**解答**◀ 食品 A を x 個,食品 B を y 個購入するとする.タンパク質が20g 以上,食物繊維が6g 以上となるから $1.2x+1.6y \geqq 20$, $0.6x+0.4y \geqq 6$ であり,$3x+4y \geqq 50$, $3x+2y \geqq 30$ である.
$l_1 : 3x+4y=50$, $l_2 : 3x+2y=30$
とし,l_1, l_2 の交点 $\left(\dfrac{10}{3}, 10\right)$ を A とする.以下で $x \geqq 0$, $y \geqq 0$, $k \geqq 1$, $m \geqq 1$ は整数とする.購入金額を K とする.次ページの領域でおおよその形を見よ.
$$K = 200x + 250y = 50(4x+5y)$$
$4x+5y = k$ とおく.$0 \leqq x \leqq 3$ では $y \geqq \dfrac{30-3x}{2}$ である.

$x=0$ のとき $y \geqq 15$ で,$k \geqq 75$
$x=1$ のとき $y \geqq 14$ で,$k \geqq 4+70 = 74$
$x=2$ のとき $y \geqq 12$ で,$k \geqq 8+60 = 68$
$x=3$ のとき $y \geqq 11$ で,$k \geqq 12+55 = 67$

以下は $x \geqq 4$ のときである.$y \geqq \dfrac{50-3x}{4}$
$x=4m$ のとき $y \geqq 12.5-3m$ で,$y \geqq 13-3m$
$$k \geqq 4 \cdot 4m + 5(13-3m) = 65+m \geqq 66$$
$x=4m+1$ のとき $y \geqq \dfrac{47-12m}{4} = 11.75-3m$ で,$y \geqq 12-3m$
$$k \geqq 4(4m+1)+5(12-3m) = 64+m \geqq 65$$
$x=4m+2$ のとき $y \geqq \dfrac{44-12m}{4} = 11-3m$ で,
$$k \geqq 4(4m+2)+5(11-3m) = 63+m \geqq 64$$
$x=4m+3$ のとき $y \geqq \dfrac{41-12m}{4} = 10.25-3m$ で,$y \geqq 11-3m$
$$k \geqq 4(4m+3)+5(11-3m) = 67+m \geqq 68$$

以上より k の最小値は 64 で,それは $x=6, y=8$ のときにとる.$K=50k=3200$ となる.

Aを **6** 個,Bを **8** 個購入するときに最小金額をとる.

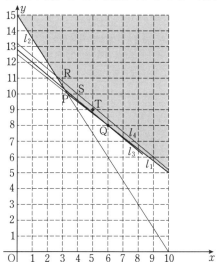

===《2円の共通接線》===

57. a を正の定数とし，点 $(a, 2)$ を中心とする半径 2 の円を C_1 とし，原点 $(0, 0)$ を中心とする半径 1 の円を C_2 とする．直線 $5x + 12y - 13 = 0$ が C_1 に接しているとき，以下の問いに答えよ．

（1） a の値を求めよ．

（2） 2 つの円 C_1, C_2 の両方に接する直線の方程式をすべて求めよ． (21 日本女子大・家政)

図 2 の P を共通外接線 l_1, l_2 の交点という．P は OA を半径の比に外分する．図 3 の V を共通内接線 l_3, l_4 の交点という．V は OA を半径の比に内分する．

▶**解答**◀ （1） C_1 の中心を $\mathrm{A}(a, 2)$ とする．直線 $5x + 12y - 13 = 0$ と A の距離が 2 であるから

$$\frac{|5 \cdot a + 12 \cdot 2 - 13|}{\sqrt{5^2 + 12^2}} = 2$$

$$|5a + 11| = 26$$

$5a + 11 = \pm 26$ であり，$a > 0$ より $a = \mathbf{3}$

（2） $\mathrm{A}(3, 2)$ で $\mathrm{OA} = \sqrt{3^2 + 2^2} = \sqrt{13} > 1 + 2$ だから 2 円は共有点を持たず，図 1 のように 2 本の共通外接線 l_1, l_2 と，2 本の共通内接線 l_3, l_4 がある．

図 2 を見よ．見やすさのため，座標軸を消している．l_1, l_2 の交点を P，l_1 と C_2, C_1 の接点を Q，R とおく．

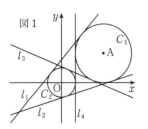
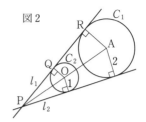

　△PQO と △PRA は相似で，相似比は $1:2$ であるから PO：PA $= 1:2$ である．P は線分 OA を $1:2$ に外分する．P は O に関して A と対称で，P$(-3, -2)$ だから，l_1, l_2 は $y = m(x+3) - 2$ とおける．
$$mx - y + 3m - 2 = 0$$
と O との距離が C_2 の半径 1 に等しいから
$$\frac{|3m-2|}{\sqrt{m^2+1}} = 1$$
$$9m^2 - 12m + 4 = m^2 + 1$$
$$8m^2 - 12m + 3 = 0$$
$$m = \frac{6 \pm \sqrt{36-24}}{8} = \frac{3 \pm \sqrt{3}}{4}$$

　共通内接線は図 3 を見よ．OA を $1:2$ に内分する点を V とする．$\overrightarrow{OV} = \frac{1}{3}\overrightarrow{OA} = \left(1, \frac{2}{3}\right)$ である．共通内接線の一方は x 軸に垂直だが，それは後になればわかる．共通内接線を（上の m とは無関係な m を用いる．解答者が混乱しないなら，傾きはいつも m でいい）
$$y = m(x-1) + \frac{2}{3}$$
$$3mx - 3y - 3m + 2 = 0$$
として，O との距離が 1 に等しいから $\dfrac{|-3m+2|}{\sqrt{9m^2+9}} = 1$

図3

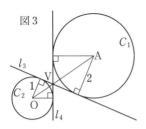

$$9m^2 - 12m + 4 = 9m^2 + 9$$

$m = -\dfrac{5}{12}$ となる. 2つあるはずなのに1つしか出てこないということは, もう1本は $y = mx + n$ の形にならないもの, すなわち x 軸に垂直である.

よって, 共通内接線は $y = -\dfrac{5}{12}(x-1) + \dfrac{2}{3}$ と $x = 1$ である. 共通接線は

$$y = \dfrac{3 \pm \sqrt{3}}{4}(x+3) - 2,\ 5x + 12y - 13 = 0,\ x = 1$$

♦別解♦ 共通接線が x 軸と垂直でないとき, それを直線 $l : y = mx + n$ として, l が C_1 と接する条件は

$$\dfrac{|3m + n - 2|}{\sqrt{1 + m^2}} = 2 \quad \cdots\cdots\cdots ①$$

l が C_2 と接する条件は

$$\dfrac{|n|}{\sqrt{1 + m^2}} = 1 \quad \cdots\cdots\cdots ②$$

この形で解く場合, まず $\sqrt{1 + m^2}$ を消去する.

① ÷ ② より $\dfrac{|3m + n - 2|}{|n|} = 2$

$3m + n - 2 = 2n$ または $3m + n - 2 = -2n$

$n = 3m - 2$ または $n = \dfrac{2}{3} - m$

これを ② に代入する.

$$|3m-2| = \sqrt{1+m^2}$$
$$\text{または } \left|\frac{2}{3} - m\right| = \sqrt{1+m^2}$$
$$9m^2 - 12m + 4 = 1 + m^2$$
$$\text{または } \frac{4}{9} - \frac{4}{3}m + m^2 = 1 + m^2$$
$$8m^2 - 12m + 3 = 0 \text{ または } \frac{4}{3}m = -\frac{5}{9}$$
$$m = \frac{6 \pm \sqrt{12}}{8}, \quad m = -\frac{5}{12}$$

$m = \dfrac{3 \pm \sqrt{3}}{4}$ のとき, l は $y = mx + 3m - 2$

$$\boldsymbol{y = \frac{3 \pm \sqrt{3}}{4}(x+3) - 2}$$

$m = -\dfrac{5}{12}$ のとき, $n = \dfrac{2}{3} + \dfrac{5}{12} = \dfrac{13}{12}$ だから, l は

$$\boldsymbol{y = -\frac{5}{12}x + \frac{13}{12}}$$

4本あるはずが3本しか出て来ない. あと1本は x 軸に垂直な場合の, 直線 $\boldsymbol{x = 1}$ である.

━━《何を答えればよいのか？》━━

58. 次の数学の授業における3人の生徒の会話を読んで，下の問いに答えよ．

Aさん：連続する3つの整数の和は，3の倍数になるね．

Bさん：逆に，どんな3の倍数も連続する3つの整数の和で表せるね．

Aさん：連続する3つの偶数の和も，3の倍数になるよ．

Cさん：ということは，3の倍数は，連続する3つの偶数の和で表せるということだね．

（1） Cさんの発言を，「$p \Longrightarrow q$」の形の命題にし，その真偽を判定して理由を説明せよ．

（2） 命題「$p \Longrightarrow q$」が真であるとき，その逆の命題の真偽を調べることの重要性について，自身の経験に基づいて述べよ． (24 東京学芸大)

この後の問題にも関わるから注意を述べておきたい．

学校教育で最初に出てくる命題は「$A: \sqrt{2}$ は無理数である」である．簡潔にして美しい命題である．「p は q である」という形式の命題は紀元前のアリストテレスの時代からあったので，アリストテレス型命題という．一方「p であるならば q である」という形の命題もある．$p \Longrightarrow q$ は英語では if p then q と読み，if が入っている．p, q の中に主語に相等することが入っている．「である」「である」となり，述語が2つあるから，この形の論理を述語論理と呼ぶ．学校教育の世界ではアリストテ

レス型の命題を述語論理型の命題に変更することができると主張する人達がいる．単に「は」を「ならば」に変えればよいと主張する．そうだろうか？「$\sqrt{2}$ ならば無理数である」とは言わない．「B：4 の倍数ならば偶数である」「C：正三角形ならば二等辺三角形である」は昔の高校の教科書にすら載っていた．これらには主語がないから文章でない．俳句か？数学の文章には主語と述語が必要である．ところが B を見ても「おかしくない」と言い張る人がいる．教科書を無批判に受け入れてはいけない．常識に引き戻してあげよう．妻は言う．

妻の命題：「あなたは口が臭い」

美しくはないが，簡潔である．「は」を「ならば」に変えて「あなたならば口が臭い」とも「x が安田であるならば，x は口が臭い」とも言わない．1 個しかないものに関するアリストテレス型命題は，変更不可能である．

それに対し「D：4 の倍数は偶数である」は事情が違い，4 の倍数は無数にある．全称化ということを行い，if を無視しなければ，

「D'：任意の整数 n に対して，もし n が 4 の倍数であるならば，n は偶数である」

は文章になっている．任意に整数を 1 個取る．それが，もし，「4 の倍数」というテストに合格するならば，それは偶数であるという主張である．アリストテレス型の命題を述語論理型命題に変更するためには，要素が 2 つ以上ある命題に限り，変数の主語を補うなどをする．

（2）の「経験に基づいて」は「日常の中で命題を探せ」という意味である．「知っている命題を書け」ではない．

▶解答◀ （1） 全称化とifを訳した形は

任意の整数 N に対して，もし，N が3の倍数であるならば，N は連続する3つの偶数の和で表せる．

全称化を明文化せず，ifを無視した形は

整数 N に対して，N が3の倍数であるならば，N は連続する3つの偶数の和で表せる．

Cさんの発言は**偽**である．反例は $N=3$ である．3つの偶数の和は偶数であるが $N=3$ は偶数でない．

（2） 私が在籍していたA県立B高校の実力テストのデータでは，2回の総合順位で4位以内の人はすべてC大学を受験し，合格していた．「B高校で4位以内ならばC大に合格する」はデータの範囲で，命題であり，真である．そんなに上位でないと合格しないのかと思うかもしれない．そこで逆である．逆命題は「B高校出身者がC大に合格するならば4位以内である」となる．偽である．250位で合格した人もいる．成績が悪くても，ひるむ必要はない．頑張れ受験生．

《証明の方法》

59. a, b, c を実数とするとき，$a^2 > bc$ かつ $ac > b^2$ ならば，$a \neq b$ であることを証明せよ．

(24 釧路公立大)

　命題には「$A : \sqrt{2}$ は無理数である」のような「p は q である」形式の命題と，「$B : p \implies q$」形式の命題がある．いずれのタイプも，直接証明をするときには p のことから q のことを導く．今から証明する q のことを使ってしまう生徒がいるから注意したい．背理法で証明する場合，p のとき q でない（$\overline{q}$ と表す）と仮定して矛盾を示す．p と $\overline{q}$ のことを使うことができる．A には対偶はない．B タイプの命題では対偶「$\overline{q} \implies \overline{p}$」がある．これを証明する場合，$\overline{q}$ のことから $\overline{p}$ を導く．$\overline{q}$ だけを使い，$\overline{p}$ を使ってはいけない．使ってよいものに注意を向けると

直接証明：p
対偶利用の証明：$\overline{q}$
背理法による証明：p と $\overline{q}$

である．このことは，対偶利用の証明が可能ならば，背理法による証明が書けることを示している．対偶でも背理法でも否定をとるところで間違える生徒がいるから注意したい．直接証明は背理法より長くなることがある．

▶解答◀ 【背理法による証明】

$a^2 > bc$ かつ $ac > b^2$ のとき $a = b$ であると仮定する．$b = a$ で b を消去すると $a^2 > ac$ かつ $ac > a^2$ となり，矛盾する．ゆえに $a \neq b$ である．

【対偶利用の証明】

$a = b$ であるならば「$a^2 \leqq bc$ または $ac \leqq b^2$」を証明する．$a = b$ のとき，「」は「$a^2 \leqq ac$（①）または $ac \leqq a^2$（②）」となる．$a^2 \leqq ac$ ならば ① が成り立つし，$a^2 > ac$ ならば ② の等号のないものが成り立つ．

【直接証明】

$a^2 > bc$ かつ $ac > b^2$ のとき $a \neq b$ を導くことになるが，$a^2 > bc$ かつ $ac > b^2$ には c が入っているから，c を消去することになろう．$ac > b^2 \geqq 0$ である．

（ア）$a > 0$ のとき．$b \leqq 0$ であれば $a \neq b$ であるし，$b > 0$ であれば，$a^2 > bc$ かつ $ac > b^2$ から c について解いて $\dfrac{a^2}{b} > c, c > \dfrac{b^2}{a}$ となり，$\dfrac{a^2}{b} > \dfrac{b^2}{a}$ となる．分母をはらって $a^3 > b^3$ となるから $a > b$ であり，$a \neq b$ である．

（イ）$a < 0$ のとき．$b \geqq 0$ であれば $a \neq b$ であるし，$b < 0$ であれば，$a^2 > bc$ かつ $ac > b^2$ から c について解いて $\dfrac{a^2}{b} < c, c < \dfrac{b^2}{a}$ となり，$\dfrac{a^2}{b} < \dfrac{b^2}{a}$ となる．$ab > 0$ を掛けて，$a^3 < b^3$ となるから $a < b$ であり，$a \neq b$ である．

=== 《必要性と十分性》 ===

60. 2つの条件

① n の正の約数が4個以上存在する

② n の1と n 以外の任意の2個の正の約数 l, m $(l \neq m)$ について，$|l - m| \leqq 3$ が成り立つ

を満たす自然数 n について，次の(ⅰ)，(ⅱ)の問いに答えよ．

(1) n が偶数であるとき，①と②を同時に満たす n の値は $\square$ 個あり，そのうちの最大値は $\square$ である．

(2) n が5の倍数であるとき，①と②を同時に満たす n の値は $\square$ 個あり，そのうちの最大値は $\square$ である． (24 星薬大・B方式)

▶**解答**◀ ②の $l \neq m$ は意味がない．$l = m$ ならば $|l - m| \leqq 3$ は $0 \leqq 3$ となり，成り立つ．等しくても良い場合には特に区別はしないのが数学らしい扱いである．だから「2個」もない方が数学らしい．

(1) ①を満たす n は 2 ではない．2 の約数は 1, 2 の2つしかないからである．

n が偶数であるとき $n = 2k$（k は $k \geqq 2$ の自然数）とおけて，$|k - 2| \leqq 3$ となる．

$k = 2, 3, 4, 5$ のいずれかとなり

$n = 2k = 4, 6, 8, 10$ のいずれかである．…………③
4の約数は1, 2, 4で不適．
6の約数は1, 2, 3, 6で適す．
8の約数は1, 2, 4, 8で適す．
10の約数は1, 2, 5, 10で適す．

n は **3** 個あり，最大値は **10**

（**2**） $n = 5$ は不適である．5の約数は1, 5の2つしかないからである．$n = 5k$（k は $k \geqq 2$ の自然数）とおけて，$|k - 5| \leqq 3$ である．

$k = 2, 3, 4, 5, 6, 7, 8$ のいずれかとなり
$n = 10, 15, 20, 25, 30, 35, 40$ のいずれかである．……④
差が2の2つの素数の積である 10, 15, 35 は適する．
25は不適（約数が3個しかない）．
これら以外の残る n は偶数である．偶数で適するのは（1）で求めた 6, 8, 10 しかなく，20, 30, 40 は不適である．n は 10, 15, 35 の **3** 個あり，最大値は **35**

注意 【**必要性と十分性**】③，④までは必要性，その後は十分性を確認している．いきなり「$n = 6, 8, 10$ であればよい」「$n = 10, 15, 35$ であればよい」とすることは，生徒がよくやる．十分条件であり，見つけただけであって，他にないことの論拠がない．2012年の阪大に類題がある．

―――――《4枚カード問題》―――――

61. ここに4枚のカードがある．カードの両面を「A面」と「B面」とよぶことにする．4枚のカードのA面には地名が書かれており，B面には地名ではない単語が書かれていることが分かっている．これら4枚のカードに関する命題 D「A面に日本の地名が書いてあれば，B面にはイヌの種類名が書いてある」を考える．

（1） 命題 D の対偶を書け．

（2） 机の上に4枚のカードがA面またはB面のどちらかを上にして，次のように置かれている．これらの4枚のカードに関する命題 D の真偽について，カードを裏返して確認する．このとき，裏返して確認するカードの枚数をできるだけ少なくしたい．裏面を確認すべきカードをすべて書け．（注：ポメラニアンは小型犬の一種）

| 奈良 | パリ | ラーメン | ポメラニアン |

(23 奈良大)

▶**解答**◀ （1） B面にイヌの種類名が書いていなければ，A面に日本の地名が書いていない．

（2） 地名の面がA面，地名以外の面がB面ということである．無駄だから，以下ではA面，B面という言葉を命題から抜く．分かっている事実は「地名が書かれている面の裏面には地名以外が書かれている」である．

D：「日本の地名が書かれている面の裏面には犬の種類名が書かれている」

D の対偶：「犬の種類名が書かれていない面の裏面には日本の地名は書かれていない」

　日本の地名の裏面にイヌの種類名が書かれているかどうかを確認する．地名以外が書かれている面の裏面に日本の地名が書かれているかどうかを確認するから，奈良 と ラーメン の 2 枚のカードの裏を確認する． パリ の裏面に何が書かれていても「日本の地名の裏面に犬の種類名が書かれている」こととは無関係であるから， パリ カードはめくらない．

注意 Wason の 4 枚カード問題という．

=== 《真偽表か集合か》 ===

62. 条件 A, B, C について，A は B の十分条件，C は B の必要条件であるとき，以下の問いに答えなさい．

（1） A は C であるための □．
（2）「B または C」は，A であるための □．
（3）「B かつ C」は，A であるための □．
（4）「C かつ『B でない』」は，A であるための □．
（5）「『A かつ C』でない」は，B ではないための □．

（解答群） ⓪… 必要条件である
①… 十分条件である　②… 必要十分条件である
③… 必要条件でも十分条件でもない　（21　立正大）

　世間で出会う命題の多くは契約である．「もし，次の中間テストで一番なら，FF を買ってやろう」とお父さんが言ったとする．「お父さんの嘘つき，グレてやる」と騒ぐのは「一番だったのに，FF を買ってもらえないケース」である．これ以外のケースは契約は正しく実行されたことになる．この契約が正しく実行されるのは，一番を取らないか，FF を貰ったときである．一番でなくても，頑張ったから買ってやると言われたら，文句は言わない．以下は矢印を小さくする．

　ここには，$p \to q$ 型の命題がある．$p \to q$ は英語では if p then q と読み，もし，p が起こるならば，そのとき q であるという．特定の個人と個人の契約の場合，集合はない．そして，契約が正しく実行されるのは，p が起

こらない場合か，q が起こる場合である．

一般に，命題 $p \to q$ 全体の真偽とは別に，p が起こるときに，p が真という．真偽表（真理値表ともいう）では1で表す．p が起こらないときに，p が偽といい，真偽表では0で表す．命題 $p \to q$ の真偽も1，0で表す．

$p \to q$ が偽になるのは $p \wedge \overline{q}$

すなわち，p が起こり，かつ，q が起こらないときに限る．真になるのは $\overline{p} \vee q$

すなわち，p が起こらないか，または，q が起こるときである．

高校では変項を含む命題の真偽で偽のときには反例を挙げるが，変項を含まない場合にも通用するように書くから，反例は示さない．

▶**解答**◀　$A \to B, B \to C$ のとき $A \to B \to C$

（1）　A は C であるための**十分条件**（①）．

（2）　$A \to B, A \to C$ のいずれも成り立つから
$A \to (B \vee C)$（∨ は「または」を表す．読み方は or）は真であり，$B \vee C$ は**必要条件**（⓪）．

（3）　$A \to (B \wedge C)$
（∧ は「かつ」を表す．読み方は and）
$B \wedge C$ は**必要条件**（⓪）．

（4）　$A \to (C \wedge \overline{B})$ は正しくない．
$(C \wedge \overline{B}) \to A$ は正しくない．
必要条件でも十分条件でもない（③）．

（5）　$(A \wedge C) \to A \to B$ であるが，$B \to (A \wedge C)$ は偽である．$(A \wedge C) \to B$ の対偶をとり $\overline{B} \to \overline{(A \wedge C)}$ であり，**必要条件**（⓪）である．

真偽表を書くと次のようになる．

$A \to B$ が真になるのは A が偽（0で表す）か，A と B が両方とも真（1で表す）になるときである．$B \to C$ が真になるのは B が偽か，B と C が両方とも真になるときである．$A \to B, B \to C$ が真になるから次の4つの場合がある．

A	B	C	$A \wedge C$	$(A \wedge C) \to B$	$B \to (A \wedge C)$
1	1	1	1	1	1
0	1	1	0	1	0
0	0	1	0	1	1
0	0	0	0	1	1

$(A \wedge C) \to B$ は真であるが $B \to (A \wedge C)$ は真ではない．真になるときとならないときがあるから，ならないときが $B \to (A \wedge C)$ が成立しない反例である．**必要条件（⓪）**である．

学校では命題の真偽に集合を使って考察する．本当は，その姿勢は正しくないが，生徒はそれに慣れているから，それ用の解答を書く．「任意の整数 n に対して，もし n が4の倍数であるならば，n は偶数である」は，前件「n が4の倍数」を満たす n は無数にある．「4の倍数の集合」と「偶数の集合」を考えるのは意味がある．変項（変数）n がある場合の $p(n) \to q(n)$ は，任意に整数 n を取ってきて，その n が前件のテスト $p(n)$ に合格したら，後件 $q(n)$ を満たすという主張である．たとえば $n = 2$ を取ってきたら「n が4の倍数である」を満たさないから，ここでハネられて，後件「n は偶数である」まではたどり着かない．

◆別解◆ 「A, B, C は実数の変数 x を含む条件である」としておこう．ここでは条件と集合を同一視する．生徒はそれに慣れているからである．

(1) 条件 A, B, C を満たす x の集合も A, B, C で表す．

A は B の十分条件，C は B の必要条件であるから，
命題として $A \to B$, $B \to C$,
集合として $A \subset B \subset C$, $A \subset B$, $B \subset C$
である(図1を参照).

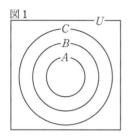
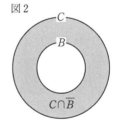

$A \subset C$ であるから $A \to C$ は真である．よって A は C であるための**十分条件**(**①**)である．

(2) $B \cup C = C$ である．よって $A \subset (B \cup C)$ であるから $A \to (B$ または $C)$ は真である．したがって B または C は A であるための**必要条件**(**⓪**)である．

(3) $B \cap C = B$ である．よって $A \subset (B \cap C)$ であるから $A \to (B$ かつ $C)$ は真である．したがって B かつ C は A であるための**必要条件**(**⓪**)である．

(4) $(C \cap \overline{B}) \cap A = \emptyset$ である (図2を参照)．よって C かつ「B でない」は A であるための**必要条件でも十分条件でもない**(**③**).

（5） $A \cap C = A$ である．よって $(A \cap C) \subset B$ であるから A かつ $C \to B$ は真である．対偶を考えて $\overline{B} \to \overline{A \text{ かつ } C}$ も真である．したがって「A かつ C」でないは B ではないための**必要条件**（**⓪**）である．

━━━━━《人数の考察》━━━━━

63. 40人の生徒にスマートフォンとタブレット端末の所有状況について，アンケートを行った．スマートフォンを所有していると回答した生徒は38人，タブレット端末を所有していると回答した生徒は32人であった．次の問いに答えなさい．

（1） スマートフォンとタブレット端末の両方を所有している生徒の人数の最大値を求めなさい．

（2） スマートフォンとタブレット端末の両方を所有している生徒の人数の最小値を求めなさい．

（3） 追加の質問としてノートPCを所有しているかについて聞いたところ，15人が所有していると回答した．スマートフォン，タブレット端末，ノートPCの3つすべてを所有している生徒の人数の最小値を求めなさい．

（4） スマートフォン，タブレット端末，ノートPCの3つすべてを所有している生徒の人数が（3）で求めた最小値であるとき，スマートフォンとノートPCの両方を所有しているが，タブレット端末は所有していない生徒の人数を求めなさい．

(23　尾道市立大)

▶**解答**◀ （1） スマートフォンを所持している人の集合を S，タブレットを所持している人の集合を T とする．$n(S \cap T) = p$ とおく．以下，いちいち説明しないから図を見て，その部分の人数の設定を読め．

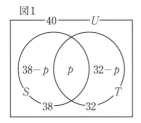

図1

$32 - p \geqq 0$ であるから，$p \leqq 32$

p の最大値は **32** である．

（2） $S \cup T$ の人数について

$$38 + 32 - p \leqq 40 \qquad \therefore \quad p \geqq 30$$

p の最小値は **30** である．

（3） $p = 30, 31, 32$ の3通りの値しかとらない．すると図2, 3, 4のいずれかの状態となる．

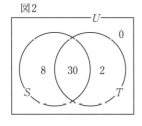

図2

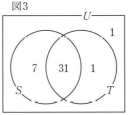

図3

ノートPCを所有している人の集合を N として3つとも所有している人の数を x とすると, 3つとも所有している人は $\emptyset$ に含まれるが, その外にある人数 $15-x$ の最大値は図2, 3, 4では10, 9, 8となる.

$15-x \leqq 10$ であるから $x \geqq 5$

x の最小値は **5**

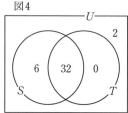

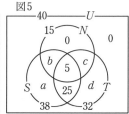

（4） x が最小になるとき, 図2である. 他の人数を図5のように設定する.

$\quad a+b=8$ ……………………………①

$\quad b+c=10$ ……………………………②

$\quad c+d=2$ ……………………………③

となる. ①+③より $a+b+c+d=10$ であり, ②を用いると $a+d+10=10$ となる. $a+d=0$ で $a=0, d=0$ となる. 求める人数は $b=\mathbf{8}$ となる.

―― 《パズル的問題》――

64. 図のような縦横同数の格子の全ての格子点上に，白または黒の石を置く．縦または横に隣り合う石の色が同じならその間に実線を，異なっていれば点線を引き，実線の数を数える操作を行う．図1の実線の数は2本，図2では5本である．

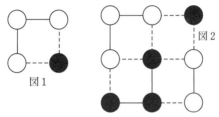

(1) 2×2の格子点に4つの石を置くとき，石の置き方にかかわらず，実線の数は偶数になることを示せ．

(2) 3×3の格子点に9つの石を置くとき，実線の数が奇数になるための必要十分条件を示せ．ただし，(1)の結果を使ってもよい．

(12 名古屋市大・医)

名作である．生徒に解かせると，0.5ミリの細いシャープペンシルでグリグリ塗りつぶす．記号化しよう．

▶解答◀ （1） 以下イタリックの書体 B とローマンのBは別の意味で使うから注意せよ．他も同様である．白石をW，黒石をBで表し，図1の状態を$\begin{pmatrix} W & W \\ W & B \end{pmatrix}$と表すことにする．左上が$W$でも$B$でも同じことだから$W$だとすると

$\begin{pmatrix} W & W \\ W & W \end{pmatrix}$, $\begin{pmatrix} W & B \\ W & W \end{pmatrix}$, $\begin{pmatrix} W & W \\ B & W \end{pmatrix}$, $\begin{pmatrix} W & W \\ W & B \end{pmatrix}$,
$\begin{pmatrix} W & B \\ B & W \end{pmatrix}$, $\begin{pmatrix} W & B \\ W & B \end{pmatrix}$, $\begin{pmatrix} W & W \\ B & B \end{pmatrix}$, $\begin{pmatrix} W & B \\ B & B \end{pmatrix}$

の 8 通りがある．それぞれ実線の数は 4, 2, 2, 2, 0, 2, 2, 2 だから石の置き方によらず実線の数は偶数である．

（2） 図3で，Pは石 A, D, E, B とそれらを結ぶ線分を表す．Pは4本の線分を含むが，その中の実線の本数を P で表す．

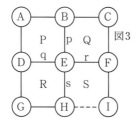
図3

Q, R, S および Q, R, S も同様に定める．B, E は P と Q の両方に含まれる．線分BEをpとし，pにある実線の本数（それは0か1）をpとする．同様にq, r, s および q, r, s を定める．全体の実線の本数を N とする．二重になっているところは1回分引いて

$$N = P+Q+R+S-(p+q+r+s)$$
である．（1）により P, Q, R, S は偶数だから N が偶数になる条件は $p+q+r+s$ が偶数になることである．このとき，中央のEがWでもBでも同じであるから，Wだとする．すると，N が奇数になるための必要十分条件は，D，B，F，Hの中の W の個数が奇数になることがである．答えは**四隅と中央を除く4つの石について，白石と黒石の一方が1個で他方が3個になること**．

♦別解♦ （1） 図4を見よ．

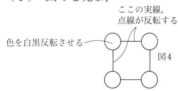

図4

1か所の石で，白を黒に，黒を白にすると，それから出る2本の線分の実線と点線が逆になる．つまり，その石から出る2本の線分が，2本とも実線なら実線の本数が2から0に（−2），1本が実線で1本が点線なら変わらず（±0），2本とも点線なら実線の本数が0から2に（+2）なる．実線の数は偶数しか変化しない．ゆえに，どの石についても，色がなんであっても，実線の数の偶奇には影響ないから，すべてが白石の場合に調べても偶奇は変化ない．すべてが白石の場合は実線が4本であるから，石の置き方によらず，実線の数は偶数である．

（2） 3×3の格子点に9つの石を置くとき，四隅と中央の石については偶数本の線分が出ているので（1）と同様にそれが白でも黒でも，全体の実線の数の偶奇には無関係である．よってそれら（A, G, I, C, E）がすべて白石だとしても一般性を失わない．これら以外の石(図3のD, B, H, F)のそれぞれからは3本の線分が出ているので，D, B, H, Fに白石が奇数個（黒石が奇数個）あると実線は奇数本になり，白石が偶数個（黒石が偶数個）あると実線が偶数本になる．

注意 別解は海陽学園の黄瀬正敏先生による．この方法ならば，一般の図形でも考察できる．例えば図5の場合，別解と同様に，偶数本の線分が出ているところは白でも黒でも実線の総数に影響しないなら，すべて白であるとしてもよい．奇数本の線分が出ているところ（全部で4か所ある）に白が偶数個（黒も偶数個）あると（線分の総数が13本であることに注意せよ）実線の本数は奇数，白が奇数個あると実線の本数は偶数になる．

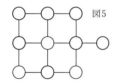

図5

=== 《直線上の点のパラメタ表示》 ===

65. 図の △ABC において，辺 AB の延長上に AB = BD となる点 D がある．同様に，辺 BC の延長上に BC = CE となる点 E が，辺 CA の延長上に CA = AF となる点 F がそれぞれある．△ABC の重心を G とし，直線 GE と線分 AC，AB，FD との交点をそれぞれ H，I，J とする．このとき，次の比を求めよ．

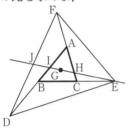

(1) CH : HA
(2) BI : IA
(3) DJ : JF

(15 宮崎大・共通)

図形問題は解法の選択が重要である．図形的に解く，ベクトルで計算する，三角関数で計算する，困ったら座標計算する．本問を解いてもらうと，生徒の多くは手が出ない．解法が示唆されていないからである．大人でも，メネラウスの定理で解こうとする人が多い．重心で直線の交点だからベクトルがよろしい．まず，後の解説を見よ．

P, B, C 等は点ベクトル (point vector) である．日本では位置ベクトルという奇妙な訳語だが，原意は**点**であり，点をベクトルで表す．「シャフト」は注意を見よ．

▶解答◀ 以下では点と点ベクトルを同一視する．B と書いたり B と書いたりする．A を座標原点とし，学校教育では $\overrightarrow{AB}$ と書くが，$\overrightarrow{AB} = B$, $\overrightarrow{AC} = C$ などと書く．$\dfrac{B+E}{2} = C$ であり，$E = 2C - B$ である．$G = \dfrac{B+C}{3}$ である．直線 GE 上の一般の点を P とすると
$P = sE + (1-s)G$ と書ける．s はパラメータである．
$$P = s(2C - B) + (1-s)\dfrac{B+C}{3}$$
$$P = \dfrac{1}{3}(1-4s)B + \dfrac{1}{3}(1+5s)C \cdots\cdots\cdots\text{①}$$

（1） $P = H$ のとき．P が AC 上にあるときで，① の B の係数が 0 である．$s = \dfrac{1}{4}$
$$H = \dfrac{1}{3}\left(1 + \dfrac{5}{4}\right)C = \dfrac{3}{4}C$$
幾何ベクトルに戻し $\overrightarrow{AH} = \dfrac{3}{4}\overrightarrow{AC}$ であるから

　CH : HA = **1 : 3**

（2） $P = I$ のとき．P が AB 上にあるときで，① の C の係数が 0 である．$s = -\dfrac{1}{5}$
$$I = \dfrac{1}{3}\left(1 + \dfrac{4}{5}\right)B = \dfrac{3}{5}B$$
幾何ベクトルに戻し $\overrightarrow{AI} = \dfrac{3}{5}\overrightarrow{AB}$ であるから

　BI : IA = **2 : 3**

（3） 基底の変更をする．$F = -C$, $\dfrac{A+D}{2} = B$ であるから $C = -F$, $B = \dfrac{1}{2}D$ である．① に代入し

$$P = \frac{1}{6}(1-4s)D - \frac{1}{3}(1+5s)F$$
となる．$P = J$ のとき，J が直線 DF 上にあるから係数の和が 1 で，
$$\frac{1}{6}(1-4s) - \frac{1}{3}(1+5s) = 1$$
$1 - 4s - 2 - 10s = 6$ となり，$s = -\frac{1}{2}$
$$J = \frac{1}{2}D + \frac{1}{2}F$$
J は DF の中点で DJ : JF = **1 : 1**

注意 1° 【数ベクトルと幾何ベクトル】

以下はベクトル難民だった私が自分で解決した話である．よく分かっている人は無視してほしい．

弓道の矢の長い棒は，昔は木や竹で出来ていた．今はジュラルミン製で，篦（の，のう）あるいはシャフトという．先端の刺さるところを鏃（やじり）という．以下，アルファベット小文字はすべて任意の実数である．日本では xy 座標平面上の点を表すとき立体（ローマン）の書体を使い A(x, y) のように書くが，ここはアメリカの書籍にならい，斜字体（イタリック）で $A\begin{pmatrix}x\\y\end{pmatrix}$, $A = (x, y)$, $A = \begin{pmatrix}x\\y\end{pmatrix}$ のように書く．

$A = \begin{pmatrix}x\\y\end{pmatrix}$ を数ベクトルという．$\begin{pmatrix}x\\y\end{pmatrix}$ を列ベクトル，(x, y) を行ベクトルという．行ベクトルと列ベクトルを特に区別しない．

数ベクトルの和を $\begin{pmatrix} x_1 \\ y_1 \end{pmatrix} + \begin{pmatrix} x_2 \\ y_2 \end{pmatrix} = \begin{pmatrix} x_1 + x_2 \\ y_1 + y_2 \end{pmatrix}$
実数倍を $k \begin{pmatrix} x \\ y \end{pmatrix} = \begin{pmatrix} kx \\ ky \end{pmatrix}$
で定義する．$O = \begin{pmatrix} 0 \\ 0 \end{pmatrix}$ を零ベクトル，あるいはゼロベクトルという．ベクトルの差（引いたもの）は
$\begin{pmatrix} x_1 \\ y_1 \end{pmatrix} - \begin{pmatrix} x_2 \\ y_2 \end{pmatrix} = \begin{pmatrix} x_1 \\ y_1 \end{pmatrix} + \begin{pmatrix} -x_2 \\ -y_2 \end{pmatrix} = \begin{pmatrix} x_1 - x_2 \\ y_1 - y_2 \end{pmatrix}$
と導ける．$A = \begin{pmatrix} a \\ b \end{pmatrix}, B = \begin{pmatrix} c \\ d \end{pmatrix}$ のとき

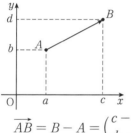

$\overrightarrow{AB} = B - A = \begin{pmatrix} c - a \\ d - b \end{pmatrix}$

を幾何ベクトルという．A を始点，B を終点という．図のように矢を描いたりするが，A から B までの移動の量が $\begin{pmatrix} c - a \\ d - b \end{pmatrix}$ というだけで，**実際に矢があるわけではなく，イメージ，残像のようなもの**である．

　参考書籍は有名なものを挙げる．『線型代数入門』(齋藤正彦著，東京大学出版会) p.2 に幾何ベクトルの説明がある．残念ながら『線型代数入門』には数ベクトルという用語はなく，位置ベクトルで通している．位置ベクトルは point vector の訳語である．数ベクトルは，たとえば『線形代数学』(岩堀長慶編，裳華房) p.12 に

ある．本が古いという指摘があったが，老人が昔買った本なので，申し訳ない．列ベクトル $A = \begin{pmatrix} x \\ y \end{pmatrix}$ のような表現は高校の検定教科書『数学 C（数研出版）』p.179 にある．

2°【シャフト不要】

学校教育では $\vec{x} = \vec{a} + t\vec{u}$ という式を習い，これを「直線のベクトル方程式」と習う．実数のパラメータ t を動かすと，$\vec{x}$ 全体では帯のようになる．

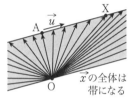

$\vec{x}$ の全体は帯になる

以下は高校時代の私と，1 週間悩んだ末の，先生役の私の会話である．強調のため太字にする．

生徒「**$\vec{x}$ の全体は帯になって，直線を表しているとは思えません**」

先生「1 週間も壁の前で悩んだのですね．これは $\vec{x}$ のシャフトを見ているのではありません．$\overrightarrow{OX} = \vec{x}$ として，鏃（先っちょ）を見ています．点 X 全体は直線を描くから，直線のベクトル方程式といいます」

生徒「$\vec{x}$ の先っちょしか見ていないならシャフトは不要です．先の点だけ描いてください」

$\vec{x} = \vec{a} + t\vec{u}$ を成分で書いてみる．$\vec{x} = \begin{pmatrix} x \\ y \end{pmatrix} = X$，$\vec{a} = \begin{pmatrix} a \\ b \end{pmatrix} = A$, $\vec{u} = \begin{pmatrix} c \\ d \end{pmatrix} = U$ とすると

$$\begin{pmatrix} x \\ y \end{pmatrix} = \begin{pmatrix} a \\ b \end{pmatrix} + t \begin{pmatrix} c \\ d \end{pmatrix}, \quad X = A + tU$$

となる．点 X は点 A からベクトル tU だけ動いた点であると読むのが自然である．U は幾何ベクトルである．**シャフトは不要**である．さらに「直線のベクトル方程式」という名前も，安田少年のようなアホな生徒の誤解を招きやすい．直線上の点を表示しているから「直線上の点のパラメタ表示」が妥当である．尊敬する友人の長岡亮介先生（前明治大特任教授）はパラメータではなく，パラメタがよいと主張されているので，合わせる．その主張の根拠は知りません．

3° 【2 点で表す直線上の点の表示】

　直線 AB 上の点を P とする．P は点ベクトル，点の座標であり，ベクトルである．幾何ベクトルから始める．$\overrightarrow{AP} = t\overrightarrow{AB}$ とおける．$0 < t < 1$ ならば P は A と B の間にあり，$t > 1$ ならば P は AB の B 方向への延長上にあり，$t < 0$ ならば P は AB の A 方向への延長上にある．$\overrightarrow{AP} = t\overrightarrow{AB}$ を点ベクトルで書き直す．$P - A = t(B - A)$ となり，$P = (1-t)A + tB$ となる．つまり，直線 AB 上の任意の点 P は

$$P = xA + yB, \quad x + y = 1$$

の形に表される．

　ベクトルの話はここまでである．なお，**$\vec{x}$ 等の表示も，併存していく．書き直すのも面倒だからである．**

4°【メネラウスの定理の利用】

直線 AG の延長と BC の交点を K とすると,
$$AG : GK = 2 : 1, \ KE : EC = 3 : 2$$
△AKC と直線 GE に関してメネラウスの定理を用いると

$$\frac{AG}{GK} \cdot \frac{KE}{EC} \cdot \frac{CH}{HA} = 1$$
$$\frac{2}{1} \cdot \frac{3}{2} \cdot \frac{CH}{HA} = 1$$
$$CH : HA = 1 : 3$$

次は △ABK と直線 IE に関して, 最後は △ADF と直線 JH に関してメネラウスの定理を用いると, 答えが得られる. しかし, J で迷子になり, 困って「見た目で J は DF の中点」とする人が多い.

《3つの結合》

66. 原点を O とする xy 平面上に 3 点
A$(2, -1)$, B$(-1, 3)$, C$(4, 2)$
がある. $0 \leq p \leq 1, 0 \leq q \leq 1, 0 \leq r \leq 1$
に対し, $\overrightarrow{OP} = p\overrightarrow{OA} + q\overrightarrow{OB} + r\overrightarrow{OC}$ を満たす点 P の存在しうる領域の面積は□である.

(21 藤田医科大・AO)

▶解答◀ $\overrightarrow{OD} = \overrightarrow{OA} + \overrightarrow{OB}$ とする.
$\overrightarrow{OQ} = p\overrightarrow{OA} + q\overrightarrow{OB}$ とおく. $0 \leq p \leq 1, 0 \leq q \leq 1$ のとき, Q は $\overrightarrow{OA}$, $\overrightarrow{OB}$ で張る平行四辺形 OADB を描く.
$\overrightarrow{OP} = \overrightarrow{OQ} + r\overrightarrow{OC}$ で, P の描く図形は Q の描く図形を $r\overrightarrow{OC}$ だけ平行移動したものと読める. P の描く図形は図 2 の六角形 OAEGFB の周および内部である.

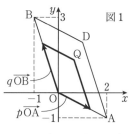
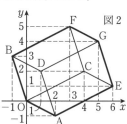

$\overrightarrow{OE} = \overrightarrow{OA} + \overrightarrow{OC} = (6, 1)$
$\overrightarrow{OF} = \overrightarrow{OB} + \overrightarrow{OC} = (3, 5)$
$\overrightarrow{OG} = \overrightarrow{OD} + \overrightarrow{OC} = (5, 4)$

とする.

図形 X の面積を $[X]$ で表す.
$\overrightarrow{OA} = (2, -1), \overrightarrow{OB} = (-1, 3)$ より
$$[OADB] = |2\cdot 3 - (-1)\cdot(-1)| = 5$$
$\overrightarrow{AE} = \overrightarrow{OC} = (4, 2), \overrightarrow{AD} = \overrightarrow{OB} = (-1, 3)$ より
$$[AEGD] = |4\cdot 3 - 2\cdot(-1)| = 14$$
$\overrightarrow{BD} = \overrightarrow{OA} = (2, -1), \overrightarrow{BF} = \overrightarrow{OC} = (4, 2)$ より
$$[BDGF] = |2\cdot 2 - 4\cdot(-1)| = 8$$
であるから
$$[OAEGFB] = [OADB] + [AEGD] + [BDGF]$$
$$= 5 + 14 + 8 = \mathbf{27}$$
である.

♦別解♦ 仮に,A(2, -1, 0), B(-1, 3, 1), C(4, 2, 2) として,Pの式は同じとすると,Pは $\overrightarrow{OA}, \overrightarrow{OB}, \overrightarrow{OC}$ で張る平行六面体を描く.つまり,図2を,立体を z 軸の方向から見たものととらえることができる.答えは同じである.

《正五角形とベクトル》

67. 一辺の長さが 1 の正五角形 ABCDE がある．$\vec{AB} = \vec{u}, \vec{AC} = \vec{v}, |\vec{v}| = a$ とする．必要ならば「正五角形の対角線はその対角線と共有点をもたない辺と平行である」を使ってよい．

(1) $\vec{AD}, \vec{AE}$ を $\vec{u}, \vec{v}, a$ で表せ．

(2) a の値を求めよ．また，$\cos 36°$ の値を求めよ．

(06 東海大・理工)

問題文の形式を変更した．2004 年前後に流行した．正五角形で，2 つのベクトルを基底にして，他のベクトルを表現すると，対角線の長さが分かる，名作である．

▶**解答**◀ (1) $\vec{BC} = \vec{AC} - \vec{AB} = \vec{v} - \vec{u}$

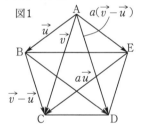
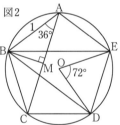

「正五角形の対角線はその対角線と共有点をもたない辺と平行で長さが a 倍である」を用いる．AD は BC と平行で，長さが a 倍である．

$$\overrightarrow{AD} = a\overrightarrow{BC} = a(\vec{v} - \vec{u})$$
$$\overrightarrow{BD} = \overrightarrow{AD} - \overrightarrow{AB} = a(\vec{v} - \vec{u}) - \vec{u} = a\vec{v} - (a+1)\vec{u}$$

AE は BD と平行で,長さが $\dfrac{1}{a}$ 倍である.

$$\overrightarrow{AE} = \frac{1}{a}\overrightarrow{BD} = \vec{v} - \frac{a+1}{a}\vec{u} \quad \cdots\cdots\cdots①$$

（2） CE は AB と逆向き平行で,長さが a 倍である.
$$\overrightarrow{CE} = -a\overrightarrow{AB} = -a\vec{u}$$
$$\overrightarrow{AE} = \overrightarrow{AC} + \overrightarrow{CE} = \vec{v} - a\vec{u} \quad \cdots\cdots\cdots②$$

①,② を比べ,$\vec{v} - \dfrac{a+1}{a}\vec{u} = \vec{v} - a\vec{u}$

$-\dfrac{a+1}{a}\vec{u} = -a\vec{u}$ となり $\dfrac{a+1}{a} = a$

$a^2 - a - 1 = 0$ となり,$a > 0$ より $a = \dfrac{1+\sqrt{5}}{2}$

AC の中点を M として（図2を見よ）,
$$\cos 36° = \frac{AM}{AB} = \frac{a}{2} = \frac{1+\sqrt{5}}{4}$$

注意 【つなぎ方はいろいろ】
$$\overrightarrow{BE} = \overrightarrow{AE} - \overrightarrow{AB} = \vec{v} - \frac{a+1}{a}\vec{u} - \vec{u}$$
$$= \vec{v} - \frac{2a+1}{a}\vec{u}$$
$$\overrightarrow{CD} = \overrightarrow{AD} - \overrightarrow{AC} = (a-1)\vec{v} - a\vec{u}$$

$\overrightarrow{BE} = a\overrightarrow{CD}$ であるから,
$$\vec{v} - \frac{2a+1}{a}\vec{u} = a(a-1)\vec{v} - a^2\vec{u}$$

$\vec{u}, \vec{v}$ は1次独立であるから,係数を比べ
$a^2 - a = 1$ および $\dfrac{2a+1}{a} = a^2$

前者から a が求められ,後者の成立は確認できる.

=== 《回転で長さを移動》 ===

68. 空間内の四面体 OABC において，$\vec{OA}=\vec{a}, \vec{OB}=\vec{b}, \vec{OC}=\vec{c}$ とする．また，
$$|\vec{a}|=|\vec{b}|=1, |\vec{c}|=2,$$
$$\angle AOB = \angle BOC = \angle COA = \frac{\pi}{2}$$
とする．点 A から辺 BC に垂線 AP を下ろす．このとき，次の問いに答えよ．
(1) $\vec{OP}$ を $\vec{b}$ と $\vec{c}$ を用いて表せ．
(2) 点 Q は $\angle QPB = \frac{\pi}{2}, |\vec{QP}|=|\vec{AP}|$ を満たすとする．さらに $k<0$ と $l<0$ を用いて $\vec{OQ}=k\vec{b}+l\vec{c}$ と表せるとき，k と l を求めよ．
(3) 点 D は $\vec{OD}=\vec{b}+2\vec{c}$ を満たすとする．また点 R が辺 BC 上を動くとき，$|\vec{AR}|+|\vec{RD}|$ を最小とする点を R_0 とする．このとき，$\vec{OR_0}$ を $\vec{b}$ と $\vec{c}$ を用いて表せ．(24 静岡大・理，工，情報・後期)

▶**解答**◀ (1) $\vec{a}, \vec{b}, \vec{c}$ は互いに直交しているから，$\vec{a}=(1,0,0), \vec{b}=(0,1,0), \vec{c}=(0,0,2)$ と座標を定める．内積の計算が気楽にできる．点 P は BC 上にあるから
$$\vec{OP}=s\vec{OB}+(1-s)\vec{OC}=(0,s,2-2s)$$
とおける．$\vec{BC}=(0,-1,2)$ であり，AP $\perp$ BC であるから $-s+2(2-2s)=0$ で，$s=\dfrac{4}{5}$ であるから，
$$\vec{OP}=\left(0, \frac{4}{5}, \frac{2}{5}\right)=\frac{4}{5}\vec{b}+\frac{1}{5}\vec{c}$$

図の円は P を中心，半径 PA の円で，平面 OBC との交点の1つが Q である．

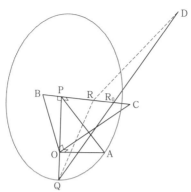

(2) $\overrightarrow{OQ} = (0, k, 2l)$, $\overrightarrow{QP} = \left(0, \dfrac{4}{5} - k, \dfrac{2}{5} - 2l\right)$

$\overrightarrow{QP} \cdot \overrightarrow{BC} = -\dfrac{5}{4} + k + \dfrac{4}{5} - 4l = k - 4l$

$\overrightarrow{QP} \cdot \overrightarrow{BC} = 0$ であるから $k = 4l$

$\overrightarrow{QP} = \left(0, \dfrac{4}{5} - 4l, \dfrac{2}{5} - 2l\right) = \dfrac{2}{5}(1 - 5l)(0, 2, 1)$

$\overrightarrow{AP} = \left(-1, \dfrac{4}{5}, \dfrac{2}{5}\right) = \dfrac{2}{5}(-5, 4, 2)$

$|\overrightarrow{QP}| = |\overrightarrow{AP}|$ より

$(1 - 5l)^2 (4 + 1) = 25 + 16 + 4$

$(1 - 5l)^2 = 9, l < 0$ であるから $1 - 5l = 3$

$l = -\dfrac{1}{10}, \ k = 4l = -\dfrac{2}{5}$

$\overrightarrow{OQ} = \left(0, -\dfrac{2}{5}, -\dfrac{1}{5}\right)$ で,$\overrightarrow{OQ} /\!/ \overrightarrow{OP}$ である.

(3) $AR + RD = QR + RD \geqq QD$

等号は Q, R, D の順で一直線上にあるときに成り立つ.

$\overrightarrow{OR} = t\overrightarrow{OQ} + (1-t)\overrightarrow{OD}$

$= t\left(-\dfrac{2}{5}\vec{b} - \dfrac{1}{10}\vec{c}\right) + (1-t)(\vec{b} + 2\vec{c})$

$= \left(1 - \dfrac{7}{5}t\right)\vec{b} + \left(2 - \dfrac{21}{10}t\right)\vec{c}$

と表せる．R が BC 上の点であるから
$$1 - \frac{7}{5}t + 2 - \frac{21}{10}t = 1$$
$-\frac{7}{2}t = -2$ となり，$t = \frac{4}{7}$

よって，$\overrightarrow{OR_0} = \frac{1}{5}\vec{b} + \frac{4}{5}\vec{c}$

【正直にやるともっと簡単】

P の座標を用いて，一般の $R(0, s, 2-2s)$ とおいて $A(1, 0, 0)$，$D(0, 1, 4)$ である．
$AP + RD$
$= \sqrt{1 + s^2 + (2-2s)^2} + \sqrt{(s-1)^2 + (2+2s)^2}$
$= L$ とおく．
$L = \sqrt{5s^2 - 8s + 5} + \sqrt{5s^2 + 6s + 5}$
$= \sqrt{5\left(s - \frac{4}{5}\right)^2 + \frac{9}{5}} + \sqrt{5\left(s + \frac{3}{5}\right)^2 + \frac{16}{5}}$
$\sqrt{5}L = \sqrt{(5s-4)^2 + 9} + \sqrt{(5s+3)^2 + 16}$

$S(5s, 0)$，$D(-3, -4)$，$E(4, 3)$ とすると
$\sqrt{5}L = SE + SD \geqq DE = 7\sqrt{2}$

L の最小値は $\dfrac{7\sqrt{2}}{\sqrt{5}} = \dfrac{7\sqrt{10}}{5}$

である．それは D, S, E の順で一直線上にあるときに成り立つ．直線 DE: $y = x - 1$ であるから，x 軸との交点 $(1, 0)$ が S のとき，すなわち $s = \dfrac{1}{5}$ のときに成り立つ．

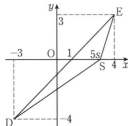

《解法の選択》

69. 四面体 OABC がある．辺 OA を $2:1$ に外分する点を D とし，辺 OB を $3:2$ に外分する点を E とし，辺 OC を $4:3$ に外分する点を F とする．点 P は辺 AB の中点であり，点 Q は線分 EC 上にあり，点 R は直線 DF 上にある．3 点 P, Q, R が一直線上にあるとき，線分の長さの比 EQ : QC および PQ : QR を求めよ． (21 京都工繊大・前期)

問題文には解法が明示されていないから，手が出ない人がいる．空間で比があるから，ベクトルしかない．

式の立て方が問題である．$\overrightarrow{OA}, \overrightarrow{OB}, \overrightarrow{OC}$ を基底にして式を立てるのはよい．EQ:QC を求めるから，内分比を設定する．PQ:QR を求めるから $\overrightarrow{QR} = k\overrightarrow{PQ}$ と置くのもよいだろうか？ $\overrightarrow{PQ} = k\overrightarrow{QR}$ でも同じである．ただし，R はとても遠くにある．

さらに，文字の消去の仕方も問題である．よく見て，s, t を消去しよう．k を無視して，「$2t, -3s, 3-4t+s$」「$-\dfrac{1}{2}, 3s - \dfrac{1}{2}, 1-s$」から s, t を消すのである．

▶解答◀ $\overrightarrow{OA} = \vec{a},\ \overrightarrow{OB} = \vec{b},\ \overrightarrow{OC} = \vec{c}$ とおく．

$\overrightarrow{OD} = 2\vec{a},\ \overrightarrow{OE} = 3\vec{b},\ \overrightarrow{OF} = 4\vec{c}$ であり $\overrightarrow{OP} = \dfrac{\vec{a}+\vec{b}}{2}$ となる．Q は線分 EC 上，R は直線 DF 上にあるから

$$\overrightarrow{OQ} = s\overrightarrow{OE} + (1-s)\overrightarrow{OC} = 3s\vec{b} + (1-s)\vec{c}$$

$$\overrightarrow{OR} = t\overrightarrow{OD} + (1-t)\overrightarrow{OF} = 2t\vec{a} + 4(1-t)\vec{c}$$

とおける．$0 \leqq s \leqq 1$ である．よって

$\overrightarrow{PQ} = \overrightarrow{OQ} - \overrightarrow{OP}$
$= -\dfrac{1}{2}\vec{a} + \left(3s - \dfrac{1}{2}\right)\vec{b} + (1-s)\vec{c}$

$\overrightarrow{QR} = \overrightarrow{OR} - \overrightarrow{OQ}$
$= 2t\vec{a} - 3s\vec{b} + (3 - 4t + s)\vec{c}$

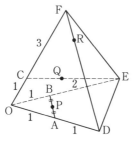

P, Q, R は一直線上にあるから，$\overrightarrow{QR} = k\overrightarrow{PQ}$ とおけて

$2t\vec{a} - 3s\vec{b} + (3 - 4t + s)\vec{c}$
$\qquad = -\dfrac{k}{2}\vec{a} + k\left(3s - \dfrac{1}{2}\right)\vec{b} + k(1-s)\vec{c}$

係数を比べて

$2t = -\dfrac{k}{2}$ ……………………①

$-3s = k\left(3s - \dfrac{1}{2}\right)$ ……………………②

$3 - 4t + s = k(1-s)$ ……………………③

となる．②+③×3 で s を消去して

$9 - 12t = \dfrac{5}{2}k$ ……………………④

①×6+④で t を消去して $9 = -\dfrac{1}{2}k$ となる．$k = -18$ となり，①に代入し $t = \dfrac{9}{2}$，②に代入し -3 で割ると

$$s = 6\left(3s - \frac{1}{2}\right), \quad s = \frac{3}{17} \text{ となる.}$$

$\overrightarrow{OQ} = \dfrac{3}{17}\overrightarrow{OE} + \dfrac{14}{17}\overrightarrow{OC}, \quad \overrightarrow{QR} = -18\overrightarrow{PQ}$

EQ : QC = **14 : 3**, PQ : QR = **1 : 18**

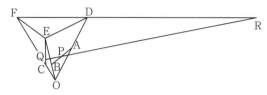

注意 最初の図は不自然な配置で，実際の位置関係は上のようになっている．

═══════════《正四角錐と正四面体》═══════════

70. すべての辺の長さが 1 の四角錐がある．この四角錐の頂点を O，底面を正方形 ABCD とし，$\overrightarrow{OA} = \vec{a}$, $\overrightarrow{OB} = \vec{b}$, $\overrightarrow{OC} = \vec{c}$ とする．このとき，次の各問に答えよ．
(1) $\overrightarrow{OD}$ を $\vec{a}, \vec{b}, \vec{c}$ を用いて表せ．
(2) 内積 $\vec{a} \cdot \vec{b}, \vec{b} \cdot \vec{c}, \vec{c} \cdot \vec{a}$ をそれぞれ求めよ．
(3) 点 P, O, B, C が正四面体の頂点になるようなすべての点 P について，$\overrightarrow{OP}$ を $\vec{a}, \vec{b}, \vec{c}$ を用いて表せ． (10 宮崎大・医)

▶解答◀ (1) AC の中点と BD の中点が一致するから $\frac{1}{2}(\overrightarrow{OA} + \overrightarrow{OC}) = \frac{1}{2}(\overrightarrow{OB} + \overrightarrow{OD})$

$$\overrightarrow{OD} = \vec{a} - \vec{b} + \vec{c} \quad \cdots\cdots\cdots①$$

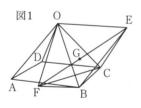

図1

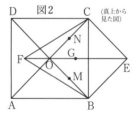

図2 (真上から見た図)

(2) △OAB, △OBC は正三角形である．
$\vec{a} \cdot \vec{b} = |\overrightarrow{OA}||\overrightarrow{OB}|\cos\angle AOB = 1 \cdot 1 \cos 60°$
$\vec{a} \cdot \vec{b} = \frac{1}{2}, \vec{b} \cdot \vec{c} = \frac{1}{2}$

$AC = \sqrt{2} OA = OC = 1$ だから △OAC は $\angle AOC = 90°$ の直角三角形である．$\vec{c} \cdot \vec{a} = 0$

（3） OB, OC の中点を M, N とする．M に関して A と対称な点を E とすると，$\dfrac{1}{2}(\overrightarrow{OA}+\overrightarrow{OE}) = \dfrac{1}{2}\overrightarrow{OB}$

$$\overrightarrow{OE} = \vec{b} - \vec{a} \quad \cdots\cdots\cdots\cdots②$$

であり，△OBE は正三角形である．

このとき，①，② を $\dfrac{1}{2}(\overrightarrow{OD}+\overrightarrow{OE}) = \dfrac{1}{2}\overrightarrow{OC}$ に代入すると成り立つから，E は N に関して D と対称な点であり，GOCE も正三角形である．EC = EB = 1 だから △BEC も正三角形であり，EOBC は正四面体である．△OBC の重心を G として，G に関して E と対称な点を F とする．EF の中点が G で $\dfrac{1}{2}(\overrightarrow{OE}+\overrightarrow{OF}) = \overrightarrow{OG}$

$$\dfrac{1}{2}(\overrightarrow{OE}+\overrightarrow{OF}) = \dfrac{1}{3}(\overrightarrow{OB}+\overrightarrow{OC})$$
$$\vec{b}-\vec{a}+\overrightarrow{OF} = \dfrac{2}{3}(\vec{b}+\vec{c})$$
$$\overrightarrow{OF} = \vec{a} - \dfrac{1}{3}\vec{b} + \dfrac{2}{3}\vec{c}$$

E, F が求める P で $\overrightarrow{OP} = \vec{b}-\vec{a},\ \overrightarrow{OP} = \vec{a} - \dfrac{1}{3}\vec{b} + \dfrac{2}{3}\vec{c}$

♦別解♦ （3） $\vec{a}, \vec{b}, \vec{c}$ は1次独立だから

$$\overrightarrow{OP} = x\vec{a}+y\vec{b}+z\vec{c}$$

と表すことができる．$|\overrightarrow{OP}|^2 = |\overrightarrow{BP}|^2 = |\overrightarrow{CP}|^2 = 1$

$$|\overrightarrow{OP}|^2 = |\overrightarrow{OP}-\overrightarrow{OB}|^2 = |\overrightarrow{OP}-\overrightarrow{OC}|^2 = 1$$

である．まず $|\overrightarrow{OP}|^2 = |\overrightarrow{OP}-\overrightarrow{OB}|^2$ を展開し

$$|\overrightarrow{OB}|^2 - 2\overrightarrow{OP}\cdot\overrightarrow{OB} = 0$$
$$|\vec{b}|^2 = 2(x\vec{a}\cdot\vec{b}+y|\vec{b}|^2+z\vec{c}\cdot\vec{b})$$
$$x+2y+z = 1 \quad \cdots\cdots\cdots\cdots③$$

次に $|\overrightarrow{OP}|^2 = |\overrightarrow{OP} - \overrightarrow{OC}|^2$ を展開し
$|\overrightarrow{OC}|^2 - 2\overrightarrow{OP} \cdot \overrightarrow{OC} = 0$
$|\vec{c}|^2 = 2(x\vec{a} \cdot \vec{c} + y\vec{b} \cdot \vec{c} + z|\vec{c}|^2)$
$y + 2z = 1$ ……………………………④

③, ④ より $y = 1 - 2z, x = 3z - 1$ ………………⑤

次に $|\overrightarrow{OP}|^2 = 1$ より $|x\vec{a} + y\vec{b} + z\vec{c}|^2 = 1$
$x^2|\vec{a}| + y^2|\vec{b}|^2 + z^2|\vec{c}|^2$
$+ 2xy\vec{a} \cdot \vec{b} + 2yz\vec{b} \cdot \vec{c} + 2zx\vec{c} \cdot \vec{a} = 1$
$x^2 + y^2 + z^2 + xy + yz = 1$

⑤を代入し整理すると
$6z^2 - 4z = 0$ となり
$z = 0, \dfrac{2}{3}$

⑤に代入し,
$z = 0, x = -1, y = 1$
$z = \dfrac{2}{3}, x = 1, y = -\dfrac{1}{3}$

$\overrightarrow{OP} = \vec{b} - \vec{a}$, $\overrightarrow{OP} = \vec{a} - \dfrac{1}{3}\vec{b} + \dfrac{2}{3}\vec{c}$

正四面体の中に正四角錐 O-ABCD と E が埋め込まれている.

《点と平面の距離の公式》

71. 一辺の長さが 1 の立方体 ABCD-EFGH において，頂点 F から平面 DEG に下した垂線の長さは□である．　　　　　　　　（19 昭和薬大・推薦）

F から平面 DEG に下ろした垂線の足が三角形 DEG の外部にあり，図形的に解くのは難しい．空間座標が最適である．

▶解答◀ F から平面 DEG に下ろした垂線の足を P とする（具体的な位置は図 2 を見よ）．図 1 のように座標を定める．平面 DEG は $x+y+z=1$ であるから，点 $F(1, 1, 0)$ と平面の距離の公式により

$$FP = \frac{|1+1+0-1|}{\sqrt{1^2+1^2+1^2}} = \frac{1}{\sqrt{3}} = \frac{\sqrt{3}}{3}$$

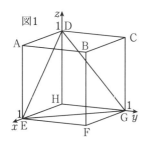

図 1

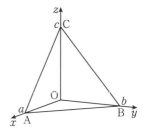

注意 1°【切片形】

xyz 座標空間で，$abc \neq 0$ として，点 $A(a, 0, 0)$, $B(0, b, 0)$, $C(0, 0, c)$ を通る平面の方程式は $\dfrac{x}{a}+\dfrac{y}{b}+\dfrac{z}{c}=1$ で与えられる．これを切片形（座

標軸との切片が分かったときの形）という．特に $a=b=c=k$ のときには $x+y+z=k$ となる．

2°【点と平面の距離の公式】

点 (x_0, y_0, z_0) と平面 $ax+by+cz+d=0$ の距離は $\dfrac{|ax_0+by_0+cz_0+d|}{\sqrt{a^2+b^2+c^2}}$ である．

3°【幾何的な解法】

図1の立方体の下に立方体を1つ継ぎ足す．図2を見よ．$\mathrm{FP}=\dfrac{1}{3}\mathrm{FL}=\dfrac{\sqrt{3}}{3}$ を導くのは難しくないだろう．しかし，このアイデアに気づく生徒は，今のところいない．

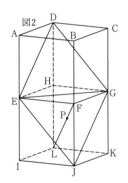

---《絶対値》---

72. 2次方程式 $x^2 + Cx + D = 0$ の2つの解 γ, δ は

$$\gamma \neq 0, \ \delta \neq 0, \ |\gamma - \delta| = 2, \ \left|\frac{1}{\gamma} - \frac{1}{\delta}\right| = 2$$

を満たすとする．このとき，C, D の値を求めよ．ただし，C, D は有理数である． (16 富山大)

実数 x, y，虚数単位 i に対して $|x + yi| = \sqrt{x^2 + y^2}$ である．特に，本問では $|yi| = |y|$ である．

本問は，出題者は「実数解のつもり」かもしれない．しかし，問題文に何も断りがないから，複素数の問題と考えるのが安全である．実際，某予備校の東大模試で，複素数のつもりで出題した（出題者は私ではない）のに，受験生の大半は実数の問題と考え，ほとんど全員減点されたことがあった．それにしても「C, D は有理数」は意味不明である．実数でよいではないか？

▶解答◀ $\left|\dfrac{1}{\gamma} - \dfrac{1}{\delta}\right| = 2$ より

$|\gamma - \delta| = 2|\gamma\delta|$ である．

$|\gamma - \delta| = 2$ より $|\gamma\delta| = 1$

解と係数の関係より $\gamma\delta = D$ であるから $|D| = 1$ であり，$D = \pm 1$ である．ところで，$x^2 + Cx + D = 0$ を解くと

$$x = \frac{-C \pm \sqrt{C^2 - 4D}}{2}$$

(ア) γ, δ が実数のとき.

$C^2 - 4D \geqq 0$ のときであり,

$$|\gamma - \delta| = \sqrt{C^2 - 4D}$$

$|\gamma - \delta| = 2$ より $\sqrt{C^2 - 4D} = 2$ である.

$$C^2 - 4D = 4 \quad \cdots\cdots\cdots\cdots\cdots\cdots\cdots ①$$

$D = 1$ のとき $C^2 = 8$ であり, $C = \pm 2\sqrt{2}$

C は有理数だから不適である.

$D = -1$ のとき①より $C = 0$

(イ) γ, δ が虚数のとき.

$C^2 - 4D < 0$ のときであり

$$x = \frac{-C \pm \sqrt{4D - C^2}i}{2}$$

$$\gamma - \delta = \pm \sqrt{4D - C^2}i$$

$|\gamma - \delta| = 2$ より $\sqrt{4D - C^2} = 2$

$$4D - C^2 = 4 \quad \cdots\cdots\cdots\cdots\cdots\cdots\cdots ②$$

今は γ, δ は共役だから $\delta = \overline{\gamma}$ であり, $D = |\gamma|^2$

$|\gamma| = 1$ より $D = 1$ で②より $C = 0$

以上より **$C = 0, \ D = \pm 1$**

=== 《方程式を解く》 ===

73.（1） 複素数 z を未知数とする方程式
$$z^5 + 2z^4 + 4z^3 + 8z^2 + 16z + 32 = 0$$
の解をすべて求めよ．
（2）（1）で求めた解 $z = p + qi$（p, q は実数）のうち次の条件をみたすものをすべて求めよ．
条件：x を未知数とする3次方程式
$$x^3 + \sqrt{3}qx + q^2 - p = 0$$
が，整数の解を少なくとも1つもつ．

(05 名大)

200人の予備校生の答案で多くは次のように始めた．

▶解答◀ （1） $z^4(z+2) + 4z^2(z+2) + 16(z+2) = 0$
$z = -2$ は解の1つで，他の解について $z^4 + 4z^2 + 16 = 0$
$(z^2)^2 + 4z^2 + 16 = 0$ で，$z^2 = -2 \pm 2\sqrt{3}i$ ……………①
i は虚数単位である．ここまでは問題ない．この後，
$z = \pm\sqrt{-2 \pm 2\sqrt{3}i}$（複号任意）と，半数以上の生徒が書いていた．高校では w が虚数のとき $\sqrt{w}$ は扱わないから，記号の勝手な拡大で，2つの意味で間違っている．間違いの点については後述する．①に戻る．この後早いのは $(\sqrt{3}i \pm 1)^2 = -3 + 1 \pm 2\sqrt{3}i = -2 \pm 2\sqrt{3}i$ に着目して，$\alpha = \sqrt{3}i \pm 1$ とおくと $z^2 = \alpha^2$ となる．$z = \pm\alpha$ であり，求める解は

$$z = -2, 1 \pm \sqrt{3}i, -1 \pm \sqrt{3}i$$

（2） $x^3+\sqrt{3}qx+q^2-p=0$ ……………………②

（ア） $z=-2$ のとき．$p=-2, q=0$ である．①は $x^3+2=0$ となり，整数解はもたない．

（イ） $z=1+\sqrt{3}i$ のとき．$p=1, q=-\sqrt{3}$ となり，①は $x^3+3x+2=0$ となる．この後，ほとんどの答案が微分していた．整数解の問題では，定数項の約数に着目するのが定石である．$x(x^2+3)=-2$ であり，x は 2 の約数（ここでは負の約数を含む）であり，$x=\pm 1, \pm 2$ のいずれかとなる．これらを代入しても成立せず不適．

（ウ） $z=1-\sqrt{3}i$ のとき．$p=1, q=\sqrt{3}$ となり，①は $x^3-3x+2=0$ となる．これは整数解 $x=1$（$x=-2$ もある）をもつから適する．

（エ） $z=-1+\sqrt{3}i$ のとき．$p=-1, q=\sqrt{3}$ となり，①は $x^3+3x+4=0$ となる．これは整数解 $x=-1$（$x=-2$ もある）をもつから適する．

（オ） $z=-1-\sqrt{3}i$ のとき．$p=-1, q=-\sqrt{3}$ となり，①は $x^3-3x+4=0$ となる．$x(x^2-4)=-4$ となり，これが整数解をもつとすると x は 4 の約数であり，$x=\pm 1, \pm 2, \pm 4$ のいずれかとなる．これらを代入しても成立せず不適．

求める $z=\pm(-1+\sqrt{3}i)$

注意 1°【勝手な拡張】 負の数が公式に認められて教育されるのは 1700 年代の終わりである．公式には負の数も認められていない 1500 年代にシピオーネ・デル・フェッロが方便として，$\sqrt{-1}$ を使った．その後，勝手な拡張をしていくと不都合が起こることが分かる．一番の問題は $\log z$ である．リーマン面を用いた「多価関数」が登場する．高校では w が虚数のとき $\sqrt{w}$ は扱わない．生徒は気楽に $z = \pm\sqrt{-2+2\sqrt{3}i}$ と書くが，$\sqrt{w}$ は同時に 2 つの値をとり，正しくは $\sqrt{-2+2\sqrt{3}i} = \pm(\sqrt{3}i+1)$ と書く．

2°【整数係数の有理数解】

$a_n, \cdots, a_0$ が整数のときの x についての方程式 $a_n x^n + \cdots + a_1 x + a_0 = 0$ が有理数解 $\dfrac{p}{q}$（p, q は互いに素な整数で $q \geqq 1$）をもつとき，p は a_0 の約数で，q は a_n の約数である．特に整数解のときは，p は a_0 の約数である．

3°【（1）で置き換える方法とド・モアブルの定理】

与式を 2^5 で割り，$\dfrac{z}{2} = w$ とおくと
$w^5 + w^4 + w^3 + w^2 + w + 1 = 0$
$w^3(w^2 + w + 1) + (w^2 + w + 1) = 0$
$(w+1)(w^2 - w + 1)(w^2 + w + 1) = 0$
w を求め，$z = 2w$ で z が求められる．また①で $z = r(\cos\theta + i\sin\theta)\,(r > 0, -\pi < \theta \leqq \pi)$ とおいて $z^2 = 4(\cos t + i\sin t), t = \pm\dfrac{2\pi}{3}$ に代入しド・モアブルの定理より $r = 2, \theta = \pm\dfrac{\pi}{3}, \pm\dfrac{2\pi}{3}$ を得る．

《ジューコフスキ変換でレムニスケート》

74. z を複素数で $|z-1| = \sqrt{2}$ をみたすものとし，$w = z + \dfrac{1}{z}$ とする．次の問いに答えよ．

（1） $\left|\dfrac{1}{z} + 1\right|^2 = 2$ であることを示せ．

（2） $|w-2||w+2| = 4$ であることを示せ．

(24 琉球大)

▶**解答**◀ （1） $|z-1|^2 = 2$
$$(z-1)(\overline{z}-1) = 2$$
$$z\overline{z} - z - \overline{z} = 1$$

$z = 0$ のときこれは成立しないから，$z \neq 0$ である．
$z\overline{z}$ で割って $1 - \dfrac{1}{z} - \dfrac{1}{\overline{z}} = \dfrac{1}{z\overline{z}}$

$$\dfrac{1}{z\overline{z}} + \dfrac{1}{z} + \dfrac{1}{\overline{z}} + 1 = 2$$

$$\left(\dfrac{1}{z} + 1\right)\left(\dfrac{1}{\overline{z}} + 1\right) = 2$$

よって，$\left|\dfrac{1}{z} + 1\right|^2 = 2$

（2） $|w-2| = \left|z + \dfrac{1}{z} - 2\right| = \left|\dfrac{(z-1)^2}{z}\right|$

$$|w-2| = \dfrac{|z-1|^2}{|z|} = \dfrac{2}{|z|} \quad \cdots\cdots\cdots\cdots① $$

$$|w+2| = \left|z + \dfrac{1}{z} + 2\right| = \left|z\left(1 + \dfrac{1}{z^2} + \dfrac{2}{z}\right)\right|$$

$$= |z|\left|\left(\dfrac{1}{z} + 1\right)^2\right| = |z|\left|\dfrac{1}{z} + 1\right|^2$$

（1）の結果より $|w+2| = 2|z|$ $\cdots\cdots\cdots\cdots②$
となる．①，②をかけて $|w-2||w+2| = 4$ となる．

注意 1°【レムニスケート】

以下, $f(z) = z + \dfrac{1}{z}$ とする. $w = f(z)$ で, 円 $|z-1| = \sqrt{2}$ がレムニスケート $|w-2||w+2| = 4$ に写るという話題である.

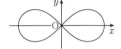

2°【ジューコフスキの翼形】

点 -1 を通り点 1 を内部に含む円を $w = f(z)$ で変換する. 円 $|z - (0.08 + 2i)| = \sqrt{(1+0.08)^2 + 0.2^2}$ を変換した図 b を描いた. w の描く図形は翼の形をしている. ジューコフスキは揚力の考察をした.

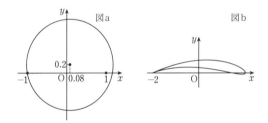

《反転》

75. 複素数平面上の原点以外の点 z に対して，$w = \dfrac{1}{z}$ とする．

(1) α を 0 でない複素数とし，点 α と原点 O を結ぶ線分の垂直二等分線を L とする．点 z が直線 L 上を動くとき，点 w の軌跡は円から 1 点を除いたものになる．この円の中心と半径を求めよ．

(2) 1 の 3 乗根のうち，虚部が正であるものを β とする．点 β と点 β^2 を結ぶ線分上を点 z が動くときの点 w の軌跡を求め，複素数平面上に図示せよ．

(17 東大・理科)

▶解答◀ (1) L 上の点を z とすると
$$|\alpha - z| = |z|$$
が成り立つ．$w = \dfrac{1}{z}$ のとき $w \neq 0$ で $z = \dfrac{1}{w}$ である．これを代入し
$$\left|\alpha - \dfrac{1}{w}\right| = \left|\dfrac{1}{w}\right|$$
$|w|$ をかけて $|\alpha|$ で割ると
$$\left|w - \dfrac{1}{\alpha}\right| = \left|\dfrac{1}{\alpha}\right|$$
w は点 $\dfrac{1}{\alpha}$ を中心，半径 $\left|\dfrac{1}{\alpha}\right|$ の円から原点を除いた図形を描く．

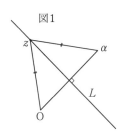

図1

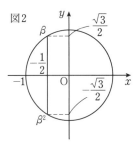

図2

(2) $x^3 = 1$ のとき
$$(x-1)(x^2+x+1) = 0$$
虚数で虚部が正のものをとり
$$\beta = \frac{-1+\sqrt{3}i}{2}$$
z が β と $\beta^2 = \dfrac{-1-\sqrt{3}i}{2}$ を結ぶ線分上を動くとき
$z = x + yi$ とおくと
$$x = -\frac{1}{2}, \ |y| \leq \frac{\sqrt{3}}{2} \quad \cdots\cdots\text{①}$$
$w = X + Yi$ とおくと $w \neq 0$ かつ
$$z = \frac{1}{w} = \frac{1}{X+Yi} = \frac{X-Yi}{X^2+Y^2}$$
$$x = \frac{X}{X^2+Y^2}, \ y = \frac{-Y}{X^2+Y^2}$$
を ① に代入し
$$\frac{X}{X^2+Y^2} = -\frac{1}{2} \quad \cdots\cdots\text{②}$$
$$\left| \frac{-Y}{X^2+Y^2} \right| \leq \frac{\sqrt{3}}{2} \quad \cdots\cdots\text{③}$$

② より $X^2 + Y^2 = -2X$

③ に代入し

$$\left|\frac{Y}{2X}\right| \leq \frac{\sqrt{3}}{2} \qquad \therefore \quad |Y| \leq \sqrt{3}|X|$$

X, Y を x, y に直して

$$(x+1)^2 + y^2 = 1, \ |y| \leq \sqrt{3}|x|$$

図示すると図3の太線部分（黒丸を含む）．

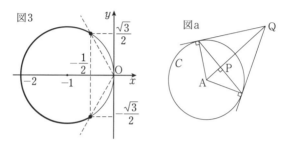

注意 1°【そのままやると】

③をそのまま変形すると，円を2つ余分に描くことになる．

$$X^2 + Y^2 \geq \frac{2}{\sqrt{3}}|Y|$$

$$X^2 + \left(|Y| - \frac{1}{\sqrt{3}}\right)^2 \geq \frac{1}{3}$$

この2円の周または外部の部分となる．図4で $a = \frac{1}{\sqrt{3}}$, $b = \frac{\sqrt{3}}{2}$ である．

図4

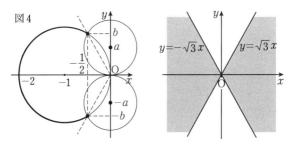

領域 $|y| \leq \sqrt{3}|x|$ は2直線 $y = \pm\sqrt{3}x$ で分けられた領域のうち, $y = 0$ (x軸) を含む部分である (上右図網目部分). 円 $(x+1)^2 + y^2 = 1$ の周上のうち, 2直線 $y = \pm\sqrt{3}x$ の間 (x軸を含む方) の部分という方が易しい.

2° 【反転】

図aを参照せよ. 点Aを中心, 半径rの円をCとし, A以外の任意の点Pに対して, Aを端点とする半直線AP上に $AP \cdot AQ = r^2$ である点Qをとるとき, PとQはCに関して反転の位置にあるという. Pが曲線L (円または直線) 上を動くときにQの描く図形をMとするとき, Mを, LのCに関する反転という. Mは円または直線であることが知られている. またこのとき, Pはこの反転でQにうつされるといい, Lはこの反転でMにうつされるという. うつされるという表現は下の変換でも同様に使う. なお, 反転の基準の円の中心は, 多くの場合は原点である. このとき, PがC上にあればP = Qになり, PがCの内部にあればQはCの外部にある.

3°【複素関数論的アプローチ】

複素関数論(大学の複素数の理論)の事情を書く.高校では複素数平面というが,大学では複素平面という.微分積分では x が限りなく大きくなるという状態を $x \to \infty$ と表すが,複素関数論では,無限遠点($|z|$ が無限大に発散するすべての z)を ∞ と表し,これを数のようにして扱う.複素平面では,点と複素数を同一視するから,誤読をしない人が対象であれば,直線 $\alpha\beta$ のように表記する.これは α 掛ける β ではなく,点 α, β を通る直線の意味である.線分 $\alpha\beta$ も同様である.$w = \dfrac{az+b}{cz+d}, ad-bc \neq 0, c \neq 0$ の形の関数を1次分数関数という.これによって複素数 z を w にうつす変換を1次分数変換(メビウス変換,数学者アウグスト・フェルディナント・メビウスにちなむ)という.1次分数変換は,平行移動,実軸に関する対称移動,反転,回転,相似拡大(または縮小)の合成であることが知られていて(まあ,ここは読み飛ばして),円または直線は円または直線に写される(ここが重要).実際の像を求めるときには,以上は明らかとする.複素関数論では,(2)を次のように解く.

♦別解♦ （2） $\beta^3 = 1$ だから

$z = \beta$ のとき $w = \dfrac{1}{\beta} = \beta^2$

$z = \beta^2$ のとき $w = \dfrac{1}{\beta^2} = \beta$

となり，2 点 β, β^2 は互いに他にうつる．
直線 $\beta\beta^2$ 上には無限遠点 ∞ がある．$z = \infty$ のとき $w = 0$ だから，直線 $\beta\beta^2$ は 3 点 $0, \beta, \beta^2$ を通る円にうつされる．また線分 $\beta\beta^2$（両端を除く）上の点 z に対しては $|z| < 1$ だから $|w| = \dfrac{1}{|z|} > 1$ になる．ゆえに線分 $\beta\beta^2$（両端を含む）の像は図 b の太線になる．C は単位円である．

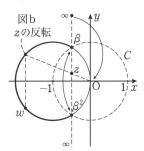

図b
zの反転

$w = \dfrac{1}{z} = \dfrac{\overline{z}}{|z|^2}$ だから，z の単位円に関する反転を，実軸に関して対称に折り返したものが w である．

==《正七角形と放物線》==

76. a は 0 でない実数,b, c は実数とする.xy 平面上における曲線 $C_1 : y = ax^2 + bx + c$
と円 $C_2 : x^2 + y^2 = 1$
が 4 交点をもつとし,そのうちの 3 交点が
$(1, 0), (\cos\theta, \sin\theta), (\cos 2\theta, \sin 2\theta)$ ………… ①
であるとする.ただし $0 < \theta < \dfrac{\pi}{3}$ である.このとき,この xy 座標平面を複素平面と考え,4 交点に対応する複素数を z_1, z_2, z_3, z_4 とする.
(1) z_1, z_2, z_3, z_4 の積 $z_1 z_2 z_3 z_4$ の値を求めよ.
(2) ① 以外の交点の座標を求めよ.

(22 立命館大・理系/改題)

同年,関西医科大でも正八角形と放物線で,同系統の出題があった.両方とも xy 座標平面で出題されていた.2 題は何かの縁でつながっているに違いないと思った私は,つてをたどって出題者に問い合わせた.返答が「複素平面で考える」であった.出題者の直接的な意図を生かして掲載する.本書では,原則,出題の問題文のままにしているが,元の問題文はとても長い上に,部分点を与えるために,設問数が大変多く,読者がうんざりすることを恐れた.

▶解答◀ （1） $z = x + yi$ のとき

$x = \dfrac{z + \overline{z}}{2}$, $y = \dfrac{z - \overline{z}}{2i}$ が成り立つから，$y = ax^2 + bx + c$ に代入し

$$\dfrac{z - \overline{z}}{2i} = \dfrac{a}{4}(z + \overline{z})^2 + \dfrac{b}{2}(z + \overline{z}) + c$$

となる．C_1 と円 $|z| = 1$ の交点について，$z\overline{z} = 1$ が成り立つから $\overline{z} = \dfrac{1}{z}$ であり，これを代入し

$$\dfrac{1}{2i}\left(z - \dfrac{1}{z}\right) = \dfrac{a}{4}\left(z + \dfrac{1}{z}\right)^2 + \dfrac{b}{2}\left(z + \dfrac{1}{z}\right) + c$$

$$\dfrac{1}{2i}\left(z - \dfrac{1}{z}\right) = \dfrac{a}{4}\left(z^2 + \dfrac{1}{z^2} + 2\right) + \dfrac{b}{2}\left(z + \dfrac{1}{z}\right) + c$$

$\dfrac{4}{a}$ を掛けて，

$$\dfrac{4}{2ai}\left(z - \dfrac{1}{z}\right) = z^2 + \dfrac{1}{z^2} + 2 + \dfrac{2b}{a}\left(z + \dfrac{1}{z}\right) + \dfrac{4c}{a}$$

z^2 を掛けて

$$\dfrac{4}{2ai}(z^3 - z) = z^4 + 1 + 2z^2 + \dfrac{2b}{a}(z^3 + z) + \dfrac{4cz^2}{a}$$

z^3, z^2, z の係数は使わないから，d, e, f で置き換え

$$z^4 + dz^3 + ez^2 + fz + 1 = 0$$

の形となる．d, e, f は複素数の定数である．この 4 解を z_1, z_2, z_3, z_4 とする．解と係数の関係（4 解の積）より $z_1 z_2 z_3 z_4 = 1$ となる．

（2） $w = \cos\theta + i\sin\theta$ とする．放物線と円が 3 点 $1, w, w^2$ で交わるとき，これら以外の交点を z_4 として $1 \cdot w \cdot w^2 z_4 = 1$ となる．

$$z_4 = \dfrac{1}{w^3} = \overline{w^3} = \cos 3\theta - i\sin 3\theta$$

よって，求める座標は $(\cos 3\theta, -\sin 3\theta)$

注意 **1°【解と係数の関係】**

$z^4 + dz^3 + ez^2 + fz + 1 = 0$

の 4 解を z_1, z_2, z_3, z_4 とするとき

$z^4 + dz^3 + ez^2 + fz + 1$
$\qquad = (z - z_1)(z - z_2)(z - z_3)(z - z_4)$

と書けて，定数項を比べ $z_1 z_2 z_3 z_4 = 1$

2°【正七角形ならば】

$\theta = \dfrac{2\pi}{7}$ ならば 4 つの交点は正七角形の頂点となる．

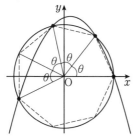

なんと美しいのだろうと，感心した．原題は複素数を避けていたので，長い計算をしていたが，出題者がこんな長い計算をしているはずがないから，そのアイデアを知りたいと思った．

《1次式の変換で相似に写る》

77. 複素数平面上の原点 O を中心とする半径 1 の円周上にある 3 点 $A(\alpha)$, $B(\beta)$, $C(\gamma)$ を 3 頂点とする直角三角形でない三角形 $\triangle ABC$ を考える．A, B, C を原点の周りに角 2θ $(0 < 2\theta < \pi)$ 回転させて得られる点をそれぞれ A_1, B_1, C_1 とする．直線 AB と $A_1 B_1$ の交点を R とする．AB の中点を M, $A_1 B_1$ の中点を M_1 とする．

(1) $\triangle OMR$ と $\triangle OM_1 R$ は合同であることを示せ．

(2) $\angle MOR = \theta$ であることを示せ．

BC と $B_1 C_1$ の交点，CA と $C_1 A_1$ の交点をそれぞれ P, Q とする．また，i を虚数単位とし，
$\lambda = \dfrac{\cos\theta + i\sin\theta}{2\cos\theta}$ とおく．

(3) 点 P, Q, R を表す複素数をそれぞれ α, β, γ, λ によって表せ．

(4) ある点 $D(\delta)$ を中心として，$\triangle ABC$ を回転しある一定の比率で拡大または縮小すると $\triangle PQR$ に重なることを示し，このような δ を α, β, γ, λ によって表せ．

(17 大阪医大)

▶**解答**◀ （1） M は弦 AB の中点であるから $\angle \text{OMA} = 90°$ である．直角三角形 OMA を O の周りに回転したものが $\triangle \text{OM}_1\text{A}_1$ である．2つの直角三角形 OMR と OM_1R で，$\text{OM} = \text{OM}_1$，OR は共通だから合同である．よって，題意は証明された．

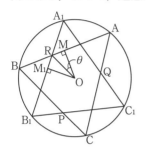 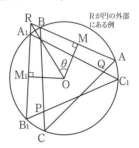

Rが甲円の外部にある例

（2） $\angle \text{MOR} = \angle \text{M}_1\text{OR}$ かつ $\angle \text{MOM}_1 = 2\theta$ であるから，$\angle \text{MOR} = \theta$

（3） P, Q, R を表す複素数をそれぞれ z_1, z_2, z_3 とおく．（2）より，$\dfrac{\text{OR}}{\text{OM}} = \dfrac{1}{\cos\theta}$ であるから，R は M を原点 O を中心に θ 回転し，O を中心として $\dfrac{1}{\cos\theta}$ 倍の拡大をしたものである．M を表す複素数は $\dfrac{\alpha+\beta}{2}$ であるから，

$$z_3 = \frac{\alpha+\beta}{2} \cdot \frac{1}{\cos\theta}(\cos\theta + i\sin\theta)$$
$$= \frac{\cos\theta + i\sin\theta}{2\cos\theta}(\alpha+\beta) = \lambda(\alpha+\beta)$$

同様に，$z_1 = \lambda(\beta+\gamma)$, $z_2 = \lambda(\gamma+\alpha)$

よって，P, Q, R を表す複素数は，それぞれ，

$\lambda(\beta+\gamma), \lambda(\gamma+\alpha), \lambda(\alpha+\beta)$

（4） 上の3式は $\lambda(\alpha+\beta+\gamma-\alpha)$,
$\lambda(\alpha+\beta+\gamma-\beta)$, $\lambda(\alpha+\beta+\gamma-\gamma)$ と書ける．

$$w = \lambda(\alpha+\beta+\gamma-z) \quad \cdots\cdots\cdots①$$

によって z を w に写す変換を考える．

$$p = \lambda(\alpha+\beta+\gamma-p) \quad \cdots\cdots\cdots②$$

として，①－②を作ると

$$w - p = \lambda(-z+p), \ w-p = -\lambda(z-p)$$

これは $\overrightarrow{pw} = -\lambda \overrightarrow{pz}$ と見れば，点 p を中心として点 z を $\arg(-\lambda)$ 回転し，$|-\lambda|$ 倍に拡大または縮小すると点 w になる．

$$\delta = p = \frac{\lambda}{1+\lambda}(\alpha+\beta+\gamma)$$

である．この変換によって A, B, C が P, Q, R に写る．

> 注意 **【相似の証明】**
> 　三角形 ABC と三角形 PQR が相似になることを，円周角の計算をして幾何的に示すこともできる．
> $w = az + b$ の応用として計算で示したのが画期的．

━━━━《ねじれの位置》━━━━

78. 空間内の 2 直線 l, m はねじれの位置にあるとする．l と m の両方に直交する直線がただ 1 つ存在することを示せ． （24　阪大・理系）

【数学 A の教科書の記述】

某社の数学 A の教科書を開き，言葉を補って書いてみよう．数学 A の教科書には，立体の初めに，2 直線の位置関係として「平行，1 点で交わる，ねじれの位置」

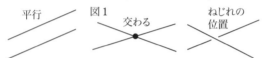

がある．「平行でもなく，交わりもしない」のが「ねじれの位置」である．そしてすぐに平面が登場する．

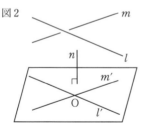

図 2 を見よ．平行でない異なる 2 直線 l, m があるとする．1 点 O を通って l に平行な直線を l'，O を通って m に平行な直線を m' とする．O と l', m' が乗っている平面（π とする）はただ 1 つ定まる．π に垂直な線分を法線という．π が唯一に決まるから法線 n の方向も唯一に定まる．これを「通る 1 点（上では O）と，2 つの異なる方向（l, m の方向）で平面を張る」（この用語は高

校の教科書にはない）という．また，このとき，π の法線の方向もただ 1 つに定まる．法線という言葉は現在の数学 A の教科書にはないが，平面とそれに直交する直線の記述はある．阪大の問題の解答はすぐそこである．

▶**解答**◀ ねじれの位置にある直線を l, m とする．

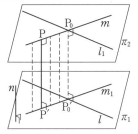

l を含んで m に平行な平面は唯一に定まる．教科書の内容を受け継いでいる．l 上の任意の 1 点を通り，l, m に平行な平面が唯一に決まるからである．それを π_1 とする．l, m に垂直な方向とは，π_1 の法線（n とする）の方向であり，n の方向も唯一に定まる．後は，n に平行な直線で，l, m の両方に垂直に交わる直線が唯一であることを示す．m の π への正射影（m 上の任意の点 P から π_1 に下ろした垂線の足を P$'$ とし，P$'$ の全体を m の π への正射影という）を m_1 とする．m 上の点を通って n に平行な直線の全体は直線 PP$'$ 全体として表現される．後は，このうちの 1 本だけが，l と交わることを言えばよい．l, m_1 の交点を P$_0'$ とすると，P$_0$P$_0'$ は l, m の共通垂線である．よって証明された． （解答終わり）

m を含んで l に平行な平面を π_2 とする．π_1 を床，π_2 を天井と思え．そして，l 上の点と m 上の点の最短距離は，壁の長さであり，共通垂線の長さである．「空間座標の問題で，l 上の点 Q と m 上の点 P に対して PQ の最小値を求めよ」という問題では，l, m の共通垂線の場合を求めればよい．これをテクニックだと思っている人がいるが，数学 A の教科書の超基本から導かれる基本である．私は毎年，この説明をする．この図形的な裏付けをもとに，空間座標による計算に移るのである．

　紀元前には，職業としての数学者もなく，今のような学校もなく，アルキメデスや円錐曲線論を書いたアポロニウスが生きていた時代にも，ユークリッドが原論を書いた時代にも，ベクトルや空間座標などはなく，負の数や 0 もなかった．立体図形は幾何的に扱うしかなかった．現代の教科書は，原論を下敷きに書かれている．歴史の順序を追いかけることも大切である．

◆別解◆ m を z 軸としても一般性を失わない．

z 軸上の点を $\mathrm{P}\begin{pmatrix}0\\0\\p\end{pmatrix}$,

l 上の点 Q を $\overrightarrow{\mathrm{OQ}}=\begin{pmatrix}d\\e\\f\end{pmatrix}+t\begin{pmatrix}a\\b\\c\end{pmatrix}=\begin{pmatrix}d+ta\\e+tb\\c+tf\end{pmatrix}$ とする．

l は z 軸と平行でないから，$a^2+b^2 \neq 0$ である．

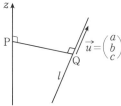

$\overrightarrow{\mathrm{PQ}}=\begin{pmatrix}d+ta\\e+tb\\c+tf-p\end{pmatrix}$ が z 軸の方向ベクトル $\begin{pmatrix}0\\0\\1\end{pmatrix}$ に

垂直のとき $c+tf-p=0$ で，$\mathrm{P}\begin{pmatrix}0\\0\\c+tf\end{pmatrix}$ となる．

$\overrightarrow{\mathrm{PQ}}=\begin{pmatrix}d+ta\\e+tb\\0\end{pmatrix}$ が l と垂直なとき，

$a(d+ta)+b(e+tb)=0$ となり，$t=-\dfrac{ad+be}{a^2+b^2}$

P，Q は唯一に定まるから，l と z 軸の両方に直交する直線がただ 1 つ存在する．

===== 《座標が一番》 =====

79. 辺の長さが

$AB = 3, AC = 4, BC = 5,$

$AD = 6, BD = 7, CD = 8$

である四面体 ABCD の体積を求めよ．

(03　京大・文系・後期)

　図形問題は，解法の選択が重要である．図形的に解く，ベクトルで計算する，三角関数で計算する，困ったら座標計算する．どれでも解ける問題もあれば，圧倒的に，1つの解法がよい場合もある．本問の場合は，座標である．長さだけが問題だし，すべての辺の長さが違うからである．さらに3辺の長さが3, 4, 5の直角三角形があるから，そこに直交座標を張る．

　特に，京大では，過去問に，座標の問題が多い．

　生徒に解かせると，座標を選択しない人が多い．見通しのないまま余弦定理などの計算をしたり，ありえない設定にしたりする生徒が多い．たとえば，三角形 ABC を xy 平面に乗せるのはよいが，D を xz 平面に置くとかである．図形が先にあって，そこに座標軸を張るのである．

▶**解答**◀ 図は平面 ABC に垂直な方向から見たものである．AB = 3, AC = 4, BC = 5,

であるから三角形 ABC は直角三角形である．A を原点に，B を $(3, 0, 0)$, C を $(0, 4, 0)$ とするように x 軸，y 軸を定める．ただし D の z 座標が 0 以上となるように z 軸の正方向を定める．AD = 6, BD = 7, CD = 8 より

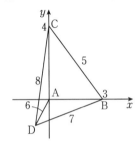

$$x^2 + y^2 + z^2 = 36 \quad \cdots\cdots\cdots ①$$
$$(x-3)^2 + y^2 + z^2 = 49 \quad \cdots\cdots\cdots ②$$
$$x^2 + (y-4)^2 + z^2 = 64 \quad \cdots\cdots\cdots ③$$

① − ② より $6x - 9 = -13$ となり，$x = -\dfrac{2}{3}$

① − ③ より $8y - 16 = -28$ となり，$y = -\dfrac{3}{2}$

① に代入し

$$z^2 = 36 - \frac{4}{9} - \frac{9}{4} = \frac{1296 - 16 - 81}{36} = \frac{1199}{36}$$

求める体積は

$$\frac{1}{3} \triangle \text{ABC} \cdot z = \frac{1}{3} \cdot \frac{1}{2} \cdot 3 \cdot 4 \cdot \frac{\sqrt{1199}}{6} = \boldsymbol{\frac{\sqrt{1199}}{3}}$$

===== 《等面四面体》 =====

80.（1） 平行四辺形 ABCD において，
$AB = CD = a$, $BC = AD = b$,
$BD = c$, $AC = d$
とする．このとき，$a^2 + b^2 = \dfrac{1}{2}(c^2 + d^2)$ が成り立つことを証明せよ．

（2） 3つの正数 a, b, c $(0 < a \leqq b \leqq c)$ が $a^2 + b^2 > c^2$ を満たすとき，各面の三角形の辺の長さを a, b, c とする四面体が作れることを証明せよ．　　　　　　　　　（03　名大・理系）

四面が合同な四面体を等面四面体という．等面四面体が出来るためには，その面が鋭角三角形になることが必要十分である．本問はその十分性を示す問題である．古くは 1968 年阪大にある．

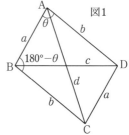

図1

▶解答◀ （1） 図1を見よ．$\angle BAD = \theta$ とおく．
$\angle ABC = 180° - \theta$ である．
△ABD と △ABC に余弦定理を用いて

$$c^2 = a^2 + b^2 - 2ab\cos\theta \quad \cdots\cdots\cdots①$$

$$d^2 = a^2 + b^2 - 2ab\cos(180° - \theta)$$

よって $d^2 = a^2 + b^2 + 2ab\cos\theta \quad \cdots\cdots\cdots②$

(① + ②) ÷ 2 より

$$a^2 + b^2 = \dfrac{1}{2}(c^2 + d^2) \quad \cdots\cdots\cdots③$$

よって証明された．

(2) $a^2 + b^2 > c^2$ より

$$\cos\theta = \frac{a^2 + b^2 - c^2}{2ab} > 0$$

よって θ は鋭角である．

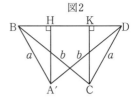

図2

△ABD で BD が最大辺だから ∠BAD が最大角である．これが鋭角だから他の内角も鋭角で ∠ABD = ∠CDB は鋭角である．A の直線 BD に関する対称点を A′ とし，A′ と C から BD に下ろした垂線の足を H, K とすると，$a \leqq b$ より B, H, K, D の順にある ($a = b$ のときは H, K は一致する)．

$$CA' = HK < BD = c$$

である．また ③ より

$$\frac{1}{2}(c^2 + d^2) = a^2 + b^2 > c^2$$

つまり $d > c$ ある．

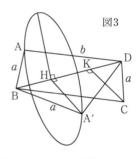

図3

以上は平面上での話であったが，これから空間図形として考える．(1) の平行四辺形の紙を BD を折り目として折り △ABD を回転させる (図1 の △ABD を折って手前に起こしてくる)．このとき CA 間の距離が最初は CA > c であったが，A が平面 BCD 上にのると CA < c になる．この途中のどこかで CA = c となる点があり，このときの四面体 ABCD について，各面の3辺の長さは a, b, c である．図3はAが回転している様子を表す．

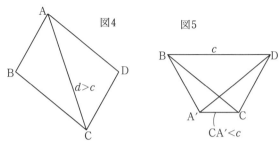

図4はAの回転前で，図5は，回転終了である．この途中で，CA $= c$ となる空中のAがある．

必要性は次の問題にある．

四面体ABCDにおいて，
　　　AB $=$ CD, AC $=$ BD, AD $=$ BC
が成立するならば，三角形ABCは鋭角三角形であることを示せ．　　　　　　　　　　　　　　（1989　名大）

▶解答◀　AB $=$ CD, AC $=$ BD, AD $=$ BC
より △ABC $\equiv$ △BAD $\equiv$ △CDA
　　　∠ABC $=$ ∠BAD, ∠ACB $=$ ∠CAD
今，∠BAC $\geqq 90°$ であるとすると
　　　∠BAD $+$ ∠CAD $=$ ∠ABC $+$ ∠ACB
　　　$= 180° -$ ∠BAC $\leqq 90° \leqq$ ∠BAC
となり，点Aのところで立体を組み立てることができないから矛盾する．ゆえに ∠BAC $< 90°$ である．他の角も同様に鋭角であり，ABCは鋭角三角形である．

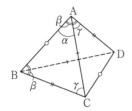
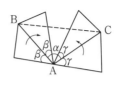

Aのところで立体を作るための必要十分条件は
$\alpha + \beta > \gamma$, $\beta + \gamma > \alpha$, $\gamma + \alpha > \beta$, $\alpha + \beta + \gamma < 360°$
である．本問を解説した後で「AC = BD = 7,
AB = CD = 5,
BC = DA = 3である四面体
ABCDはできますか？」と聞
くと，驚くべきことに8割
方の生徒が「各面が三角形に

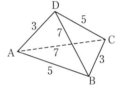

なっているから，できる」と答える．間違いである．3
辺の長さが7, 5, 3の三角形で7の対角は120度です
よ．等面四面体の面は鋭角三角形だと言っているのに．

―《三脚問題》―

81. 四面体 ABCD は
AB = 6, BC = $\sqrt{13}$,
AD = BD = CD = CA = 5
を満たしているとする.
（1） 三角形 ABC の面積を求めよ.
（2） 四面体 ABCD の体積を求めよ.

(06 学習院大・理)

▶解答◀ 対称面をもたない立体は超難問になりがちであるが，扱いやすいタイプの問題と解法がいくつか知られている．その一つが三脚問題である．カメラの三脚（足の長さが等しいもの）を立てた構図では次のことに着目する．

OA = OB = OC = r のとき O から平面 ABC におろした垂線の足 H は △ABC の外心である.

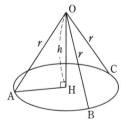

これは △OAH に三平方の定理を用いて
$$AH = \sqrt{OA^2 - OH^2} = \sqrt{r^2 - h^2}$$
となる．同様に考え，AH = BH = CH = $\sqrt{r^2 - h^2}$ となるから H は △ABC の外心である．

また，図形問題において，解法は1つではない．図形的に解く，ベクトルや三角関数で計算する，困ったら座標計算する．

▶解答◀（**1**）△ABC について余弦定理より
$$\cos A = \frac{5^2 + 6^2 - (\sqrt{13})^2}{2 \cdot 5 \cdot 6} = \frac{4}{5}$$
$$\sin A = \sqrt{1 - \cos^2 A} = \frac{3}{5}$$
$$\triangle\mathrm{ABC} = \frac{1}{2} \cdot 5 \cdot 6 \sin A = \frac{1}{2} \cdot 5 \cdot 6 \cdot \frac{3}{5} = \mathbf{9}$$

（**2**）△ABC の外接円の半径を R とすると正弦定理より $\dfrac{\mathrm{BC}}{\sin A} = 2R$ となるから，$R = \dfrac{5\sqrt{13}}{6}$

平面ABCに垂直に見た図

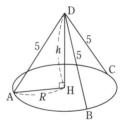

D から平面 ABC におろした垂線の足を H，DH $= h$ とする．AH $=$ BH $=$ CH $= \sqrt{5^2 - h^2}$ だから H は △ABC の外心であり，
$$h = \sqrt{5^2 - R^2} = \sqrt{5^2 - \frac{5^2 \cdot 13}{36}} = \frac{5}{6}\sqrt{23}$$
四面体 ABCD の体積 V は
$$V = \frac{1}{3}\triangle\mathrm{ABC} \cdot \mathrm{DH} = \frac{1}{3} \cdot 9 \cdot \frac{5\sqrt{23}}{6} = \boldsymbol{\frac{5\sqrt{23}}{2}}$$

♦別解♦ (2) A を原点として,平面 ABC を xy 平面とするように座標を定める.A(0, 0, 0), B(6, 0, 0), C($AC\cos A$, $AC\sin A$, 0) = (4, 3, 0)
とする.D(x, y, z) とすると AD = BD = CD = 5 より

$$x^2 + y^2 + z^2 = 25 \quad \cdots\cdots\cdots ①$$
$$(x-6)^2 + y^2 + z^2 = 25 \quad \cdots\cdots\cdots ②$$
$$(x-4)^2 + (y-3)^2 + z^2 = 25 \quad \cdots\cdots\cdots ③$$

① − ② より $12x - 36 = 0$ となり,$x = 3$

① − ③ より $8x + 6y - 25 = 0$ となり,$y = \dfrac{1}{6}$

① に代入し,$|z| = \dfrac{5\sqrt{23}}{6}$ を得る.

$$V = \frac{1}{3} \triangle ABC \cdot |z| = \frac{1}{3} \cdot 9 \cdot \frac{5\sqrt{23}}{6} = \frac{5\sqrt{23}}{2}$$

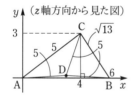

《辺接球》

82. 四面体 OABC において，
OA = OB = OC = 4, AB = BC = CA = 6
とする．また，点 O から平面 ABC に下ろした垂線を OG とする．このとき，次の (a), (b) が成立することは証明なしで用いてよいものとする．

(a) 点 G は三角形 ABC の重心である．

(b) 以下の各問における球 S_1, S_2, S_3 の中心は，いずれも半直線 OG 上にある．

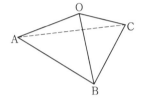

(1) OG の長さ h_1 を求めよ．また，4 点 O, A, B, C 全てを通る球 S_1 の半径 r_1 を求めよ．

(2) 点 G から直線 OA に下ろした垂線 GH の長さ h_2 を求めよ．また，6 つの線分 AB, BC, CA, OA, OB, OC 全てに接する球 S_2 の半径 r_2 を求めよ．

(3) 3 つの線分 AB, BC, CA 全てに接し，かつ 3 つの半直線 OA, OB, OC 全てに接する球のうち，S_2 と異なるものを S_3 とする．球 S_3 の半径 r_3 を求めよ．

(22 岐阜薬大)

一時期，球が四面体や四角錐と辺で接する問題が流行った．私は辺接球と呼んでいる．

▶解答◀ （1） 図1, 2を見よ．

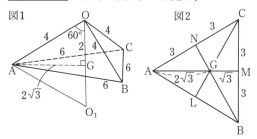

　OGは平面ABCに垂直であるから
$AG = \sqrt{OA^2 - OG^2} = \sqrt{4^2 - OG^2}$ であり，同様に BG, CG も $\sqrt{4^2 - OG^2}$ に等しい．GA = GB = GC だからGは三角形ABCの外心である．三角形ABCは正三角形であるから外心は重心に一致する．AB, BC, CAの中点をL, M, Nとする．$AG = \frac{2}{3}AM = 2\sqrt{3}$ である．OA : AG = $4 : 2\sqrt{3} = 2 : \sqrt{3}$ だから三角形OAGは60度定規であり，∠AOG = 60°，OG = 2である．S_1の中心をO_1とすると，$O_1O = O_1A$（図1）だから三角形O_1OAは正三角形で$r_1 = O_1O = OA = 4$

（2） S_2, S_3 をまとめて解く．私は S_2, S_3 のような球を辺接球と呼んでいる．その中心をP, PからOを端点とする半直線OA, OB, OCに下ろした垂線の足をH, I, Jとする．問題文の「GからOAに下ろした垂線の足がH」はひとまず無視せよ．Pは半直線OG上にある．皆「対称性により明らか」という（注を見よ）．

$OP = h$ とする.$\angle AOG = 60°$ であるから $PH = \dfrac{\sqrt{3}}{2}h$ である.$h = 2$ のとき $r_2 = \dfrac{\sqrt{3}}{2}h = \sqrt{3}$,
$\quad h_2 = PH = \dfrac{\sqrt{3}}{2}h = \sqrt{3}$

図3
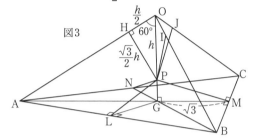

PがOとGの間にあれば $PG = 2 - h$ であるが,PがOGのG方向への延長上にあれば $PG = h - 2$ である.辺接球とAB,BC,CAの接点はL,M,Nである.$PM^2 = PG^2 + GM^2 = (h - 2)^2 + 3$
$PM = PH$ であるから $(h - 2)^2 + 3 = \dfrac{3}{4}h^2$
$\quad h^2 - 16h + 28 = 0$
$\quad (h - 2)(h - 14) = 0$ で $h = 2, 14$
$h = 2$ のとき $r_2 = \dfrac{\sqrt{3}}{2}h = \sqrt{3}$,$h_2 = \mathbf{2}$

このとき $OH = \dfrac{h}{2} = 1 < OA = 4$ であるから,H は O と A の間にある.図 4 のようになる.

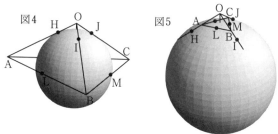

(3) $h = 14$ のとき $OH = \dfrac{h}{2} = 7 > OA = 4$ であるから,H は OA の延長上にある.$r_3 = \dfrac{\sqrt{3}}{2} h = \mathbf{7\sqrt{3}}$ で図 5 のようになる.

注意 1°【気づくだろうって?】出題者は,先に $GH = \sqrt{3}$ を求めさせれば,$GM = \sqrt{3}$ に等しいことに気づき,$r_2 = \sqrt{3}$ と分かるという意図だろう.

2°【論証する】ここでは辺接球の中心を P とし,P から平面 ABC,辺 AB, BC, CA,半直線 OA, OB, OC に下ろした垂線の足を G, L, M, N, H, I, J とする.

「3 垂線の定理」というものがあり基本形は「P から平面 ABC に下ろした垂線の足が G で,G から直線 AB に下ろした垂線の足が L のとき,PL が直線 AB に垂直である」というものである.垂線を下ろす順序が違っても大丈夫で,今の順序では,GL が AB に垂直になる.P と G が一致する場合も結論に変わりはない.$PL^2 = PM^2$ で,$PL^2 = PG^2 + GL^2$,$PM^2 = PG^2 + GM^2$ であるから,$GL = GM$ になる.BG は ∠ABC を二等

分する．同様に GC は ∠BCA を二等分する．G は三角形 ABC の内心となり，P は三角形 ABC の内心を通って平面 ABC に垂直な直線上にある．

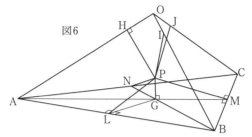

図6

さらに，P から平面 OAB に下ろした垂線の足を K とする．3 垂線の定理より，KH ⊥ OA，KI ⊥ OB になり，上と同様に KH＝KI になり，OK は ∠AOB を二等分する．辺接球の中心 P は，∠AOB の二等分線を含んで平面 OAB に垂直な平面上にある．同様に P は，∠BOC の二等分線を含んで平面 OBC に垂直な平面上にある．この 2 平面の交線は，直線 OG である．

《逆手流》

83. すべての辺の長さの和が24,表面積が18の直方体がある.このとき,以下の設問に答えよ.

(1) この直方体の底面の縦と横の長さをそれぞれ x, y として,高さを $z\ (x \leq y \leq z)$ とする.このとき,直方体の体積 V を x のみを用いた式で表せ.

(2) V の最大値とそのときの x の値を求めよ.

(24 愛知大)

ありふれた問題で申し訳ない.採用した理由は,変域を間違える人が多いからである.

▶解答◀ (1) 条件より

$$4(x+y+z) = 24,\ 2(xy+yz+zx) = 18$$

$$x+y+z = 6 \cdots\cdots ①$$

$$xy+yz+zx = 9 \cdots\cdots ②$$

② より,$yz = 9-(y+z)x$

① より $y+z = 6-x$ であり,

$yz = 9-(6-x)x = x^2-6x+9$

$$V = xyz = \boldsymbol{x^3-6x^2+9x}$$

解と係数の関係より x, y, z は $t^3-6t^2+9t-V = 0$ の3解である.$V = t^3-6t^2+9t$

（2） $f(t) = t^3 - 6t^2 + 9t$ とおく．
$$f'(t) = 3t^2 - 12t + 9 = 3(t-1)(t-3)$$
$f(1) = 4, f(3) = 0$

曲線 $Y = f(t)$ と直線 $Y = V$ が $t > 0$ に3交点（接点は重複度を数える）をもつ条件は $0 < V \leqq 4$ である．

V の最大値は 4 で，そのとき $x = 1$

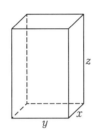
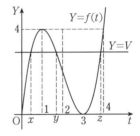

注意 【**存在性**】「ある V に対して，その V を成立させる x, y, z が存在するか」という考え方である．たとえば $V = 20$ のときは $t^3 - 6t^2 + 9t - 20 = 0$ となる．$(t-5)(t^2 - t + 4) = 0$ となり，$t = 5, \dfrac{1 \pm \sqrt{15}\,i}{2}$ となる．実数解は 5，他の 2 数は虚数で，不適である．つまり $V = 20$ になることはできない．「5 の 3 重解でいいじゃない？」という生徒がいるが，① に $x = 5, y = 5, z = 5$ を代入して成り立つか？

=== 《有理数の無限級数は有理数？》 ===

84. すべての項が有理数である数列 $\{a_n\}, \{b_n\}$ は以下のように定義されるものとする.
$$\left(\frac{1+5\sqrt{3}}{10}\right)^n = a_n + \sqrt{3}b_n \quad (n=1, 2, 3, \cdots)$$
ここで, a_{n+1}, b_{n+1} はそれぞれ a_n, b_n と有理数 A, B, C, D を用いて,
$$a_{n+1} = Aa_n + Bb_n, \quad b_{n+1} = Ca_n + Db_n$$
と表すことができ, このとき $A+B+C+D$ は□である $(n \geq 1)$. また, $\displaystyle\lim_{n\to\infty} \sum_{i=1}^n a_i$ は□となる.

(23 防衛医大)

▶**解答**◀ $a_{n+1} + \sqrt{3}b_{n+1} = \dfrac{1+5\sqrt{3}}{10}\left(\dfrac{1+5\sqrt{3}}{10}\right)^n$

$= \dfrac{1+5\sqrt{3}}{10}(a_n + \sqrt{3}b_n)$

$= \left(\dfrac{1}{10}a_n + \dfrac{3}{2}b_n\right) + \sqrt{3}\left(\dfrac{1}{2}a_n + \dfrac{1}{10}b_n\right)$

$a_n, b_n, a_{n+1}, b_{n+1}$ は有理数, $\sqrt{3}$ は無理数であるから

$$a_{n+1} = \frac{1}{10}a_n + \frac{3}{2}b_n, \quad b_{n+1} = \frac{1}{2}a_n + \frac{1}{10}b_n$$

となる. よって,

$$A+B+C+D = \frac{1}{10} + \frac{3}{2} + \frac{1}{2} + \frac{1}{10} = \boldsymbol{\frac{11}{5}}$$

$\dfrac{1+5\sqrt{3}}{10} = a_1 + \sqrt{3}b_1$ より $a_1 = \dfrac{1}{10}, b_1 = \dfrac{1}{2}$

$a_{n+1} - \sqrt{3}b_{n+1}$
$= \left(\dfrac{1}{10}a_n + \dfrac{3}{2}b_n\right) - \sqrt{3}\left(\dfrac{1}{2}a_n + \dfrac{1}{10}b_n\right)$
$= \dfrac{1-5\sqrt{3}}{10}(a_n - \sqrt{3}b_n)$

数列 $\{a_n - \sqrt{3}b_n\}$ は等比数列である.
$$a_n - \sqrt{3}b_n = \left(\frac{1-5\sqrt{3}}{10}\right)^{n-1}(a_1 - \sqrt{3}b_1)$$
$$= \left(\frac{1-5\sqrt{3}}{10}\right)^{n-1}\frac{1-5\sqrt{3}}{10} = \left(\frac{1-5\sqrt{3}}{10}\right)^n$$

$\alpha = \dfrac{1+5\sqrt{3}}{10}, \beta = \dfrac{1-5\sqrt{3}}{10}$ とおく.

$a_n + \sqrt{3}b_n = \alpha^n, a_n - \sqrt{3}b_n = \beta^n$

$|\beta| < |\alpha| = \dfrac{1 + 5 \cdot 1.73\cdots}{10} = \dfrac{9.6\cdots}{10} < 1$

$\alpha + \beta = \dfrac{1}{5}, \alpha\beta = \dfrac{1-75}{100} = -\dfrac{37}{50}$

$a_n = \dfrac{1}{2}(\alpha^n + \beta^n)$

$\sum\limits_{i=1}^{n} a_i = \dfrac{\alpha}{2} \cdot \dfrac{1-\alpha^n}{1-\alpha} + \dfrac{\beta}{2} \cdot \dfrac{1-\beta^n}{1-\beta}$

$\lim\limits_{n\to\infty} \sum\limits_{i=1}^{n} a_i = \dfrac{\alpha}{2(1-\alpha)} + \dfrac{\beta}{2(1-\beta)}$

$= \dfrac{\alpha + \beta - 2\alpha\beta}{2(1-\alpha-\beta+\alpha\beta)} = \dfrac{\dfrac{1}{5} + \dfrac{37}{25}}{2\left(1 - \dfrac{1}{5} - \dfrac{37}{50}\right)}$

$= \dfrac{5+37}{2\left(25 - 5 - \dfrac{37}{2}\right)} = \dfrac{42}{3} = \mathbf{14}$

注意【別解?】
$$\sum_{i=1}^{\infty} \alpha^i = \alpha \cdot \frac{1}{1-\alpha} = 14 + \frac{25}{3}\sqrt{3}$$
だから $\lim_{n \to \infty} \sum_{i=1}^{n} a_i = 14$ とする方が簡単ですよね?

【回答・有理数部分を比べればいいって?】 これは**論述用の解答としては誤答**である. a_i は有理数であるが, 有理数の無限級数が有理数であるという保証はない. つまり $\lim_{n \to \infty} \sum_{i=1}^{n} a_i$ が無理数になるかもしれないから, 比べることはできない.

ルートを計算する有名な数列
$$x_1 = 2, \; x_{n+1} = \frac{1}{2}\left(x_n + \frac{2}{x_n}\right) \; (n = 1, 2, \cdots)$$
がある. $x_2 = \frac{3}{2}$, $x_3 = \frac{17}{12}$, … となり, x_n は有理数の値をとるが, $\lim_{n \to \infty} x_n = \sqrt{2}$ である. 極限がこうなることの細部は無視せよ. 話を急ぐ.

$y_1 = x_1, y_2 = x_2 - x_1, y_3 = x_3 - x_2, \cdots$
として数列 $\{y_n\}$ を作れ.
$$y_1 + y_2 + \cdots + y_n = x_n$$
となるから, y_n は有理数をとるが, その無限級数は $\sum_{n=1}^{\infty} y_n = \sqrt{2}$ となり, 無理数である.

---《定義に従う》---

85. 関数 $f(x)$ を，
$$f(0) = 0, \quad f(x) = x^2 \cos \frac{1}{x} \quad (x \neq 0 \text{ のとき})$$
と定める．導関数 $f'(x)$ が存在するか調べよ．また，導関数 $f'(x)$ が存在する場合，その導関数 $f'(x)$ の連続性を調べよ．　(24　福島県立医大・医)

最近は

> 関数 $f(x) = |x^3 \cos x|$ が $x = 0$ で微分可能かどうかを調べよ．　(24　愛媛大・医，理，工)

のような問題で，
「$0 < x < \dfrac{\pi}{2}$ のとき $f(x) = x^3 \cos x$ となり
$f'(x) = 3x^2 \cos x - x^3 \sin x$ ……………Ⓐ
$-\dfrac{\pi}{2} < x < 0$ のとき $f(x) = -x^3 \cos x$ となり
$f'(x) = -3x^2 \cos x + x^3 \sin x$ ……………Ⓑ
Ⓐ，Ⓑで $x = 0$ とおくと $f'(0) = 0$ になるから微分可能である．」
という答案を書く人が多い．場合によっては出題者の解答がこうなっている．福島県立医大の問題で，

$x \neq 0$ のとき $f'(x) = 2x \cos \dfrac{1}{x} + \sin \dfrac{1}{x}$

で $x = 0$ を代入できないから $f'(0)$ は存在しないとすると，誤答になる．

▶**解答**◀ $\displaystyle\lim_{h\to 0}\frac{f(0+h)-f(0)}{h}=\lim_{h\to 0}\frac{h^2\cos\frac{1}{h}}{h}$

$\displaystyle=\lim_{h\to 0}h\cos\frac{1}{h}$

$0\leq\left|h\cos\frac{1}{h}\right|\leq|h|$

$h\to 0$ のとき $|h|\to 0$ でハサミウチの原理より
$\displaystyle\lim_{h\to 0}h\cos\frac{1}{h}=0$ であるから，$f'(0)=0$

$x\neq 0$ のとき

$$f'(x)=2x\cos\frac{1}{x}-x^2\left(\sin\frac{1}{x}\right)\cdot\left(-\frac{1}{x^2}\right)$$

$$=2x\cos\frac{1}{x}+\sin\frac{1}{x}$$

以上から，**$f'(x)$ は存在する**．

また，$x\neq 0$ のとき $f'(x)$ は連続である．

$$\lim_{x\to 0}f'(x)=\lim_{x\to 0}\left(2x\cos\frac{1}{x}+\sin\frac{1}{x}\right)$$

$\displaystyle\lim_{x\to 0}x\cos\frac{1}{x}=0$ であるが，$\displaystyle\lim_{x\to 0}\sin\frac{1}{x}$ は存在しない
から，**$f'(x)$ は $x=0$ で不連続，$x\neq 0$ で連続である**．

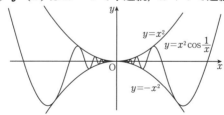

――――《図で考える》――――

86. 自然数 n に対して，関数 $f_n(x)$ を
$$f_n(x) = 1 - \frac{1}{2}e^{nx} + \cos\frac{x}{3} \quad (x \geq 0)$$
で定める．ただし，e は自然対数の底である．
(1) 方程式 $f_n(x) = 0$ は，ただ1つの実数解をもつことを示せ．
(2) (1)における実数解を a_n とおくとき，極限値 $\lim_{n\to\infty} a_n$ を求めよ．
(3) 極限値 $\lim_{n\to\infty} na_n$ を求めよ． (24 阪大・理系)

▶**解答**◀ (1) $f_n(x) = 0$ のとき，
$$1 + \cos\frac{x}{3} = \frac{1}{2}e^{nx}$$

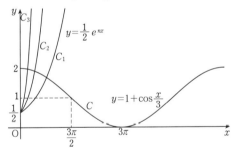

$g(x) = 1 + \cos\dfrac{x}{3},\ h(x) = \dfrac{1}{2}e^{nx}$ とおく．
$0 \leq x \leq 3\pi$ では，$g(x)$ は $g(0) = 2$ から $g(3\pi) = 0$ まで減少し $h(x)$ は $h(0) = \dfrac{1}{2}$ から $h(3\pi)$ まで増加する．
$$h(3\pi) = \frac{1}{2}e^{3n\pi} > \frac{1}{2}e^9 > \frac{1}{2}\cdot 2^9 > 2$$
である．$x \geq 3\pi$ では $h(x) > 2 \geq g(x)$ である．よって $g(x) = h(x)$ は1回だけ交わる．証明された．

解答編｜微分積分

（2） 曲線 $C: y = g(x)$, $C_n: y = \dfrac{1}{2}e^{nx}$ とする. n が大きくなると C_n は y 軸に近づき, C と C_n の交点は点 $(0, 2)$ に限りなく近づく. $\lim\limits_{n \to \infty} a_n = \mathbf{0}$ である.

（3） この解について $e^{nx} = 2 + 2\cos\dfrac{x}{3}$ となる. 自然対数をとる.

$$na_n = \log\left(2 + 2\cos\dfrac{a_n}{3}\right)$$
$$\lim_{n \to \infty} na_n = \log 4 = \mathbf{2\log 2}$$

注意 【C_n は y 軸に近づくについて】

$y = \dfrac{1}{2}e^{nx}$ について, n が大きくなると, 曲線は立っていく. この言い方が気に入らないのなら,

$x = \dfrac{1}{n}\log 2y$, $0 < y \leqq 2$, $x \geqq 0$ から,

$0 \leqq x \leqq \dfrac{\log 4}{n}$ として, n を大きくすると x は 0 に近づいていく, でも同じである.

♦別解♦ （1） $f_n{}'(x) = -\dfrac{n}{2}e^{nx} - \dfrac{1}{3}\sin\dfrac{x}{3}$

$\dfrac{n}{2}e^{nx} \geqq \dfrac{n}{2} \geqq \dfrac{1}{2} > \dfrac{1}{3} \geqq -\dfrac{1}{3}\sin\dfrac{x}{3}$

$f_n{}'(x) = -\dfrac{n}{2}e^{nx} - \dfrac{1}{3}\sin\dfrac{x}{3} < 0$

$f_n(x)$ は $x \geqq 0$ で減少する. さらに,

$f_n(0) = 1 - \dfrac{1}{2} + 1 = \dfrac{3}{2} > 0$

$$\lim_{n \to \infty} f_n(x) = -\infty \quad \cdots\cdots\cdots①$$

であるから, $f_n(x) = 0$ は, ただ 1 つの実数解をもつ.

（2） $f_n(a_n) = 0$

$1 + \cos\dfrac{a_n}{3} = \dfrac{e^{na_n}}{2}$

$e^{na_n} = 2 + 2\cos\dfrac{a_n}{3} \quad \cdots\cdots\cdots②$

右辺は 4 以下であるから $e^{na_n} \leqq 4$ である．$na_n \leqq \log 4$
また，$a_n > 0$ であるから $0 < a_n \leqq \dfrac{\log 4}{n}$ である．
$\displaystyle\lim_{n\to\infty} \dfrac{\log 4}{n} = 0$ と，ハサミウチの原理より $\displaystyle\lim_{n\to\infty} a_n = \mathbf{0}$ である．

注意 1°【評価の仕方によっては困る】

② で $-1 \leqq \cos\dfrac{a_n}{3} \leqq 1$ より $0 \leqq 2 + 2\cos\dfrac{a_n}{3} \leqq 4$ であるが，このまま $\log$ を被せると，$\log 0$ が困る．② は上から抑えるところだけ使った．

2°【どうして本問を採用したか】

生徒に解かせると，当てもなく微分・変形して，無駄に時間を使って諦める人が少なくない．式で出来るときは式で解いて，式で混乱するなら，時には図を援用して，なんとか，答えをひねり出せばいいのにと思ったからである．

=== 《定積分で表された関数》 ===

87. m, n を正の整数とする. n 次関数 $f(x)$ が, 次の等式を満たしているとき, $f(x) = \boxed{}$ である. $\int_0^x (x-t)^{m-1} f(t)\, dt = \{f(x)\}^m$

(20 早稲田大・商)

▶解答◀ $\int_0^x (x-t)^{m-1} f(t)\, dt = \{f(x)\}^m$ ……①

文系で解けるのだろうか？数学 III で解く.

$f(t) = a_n t^n + \cdots$ とおく. $a_n \neq 0$ である. $t = xu$ と置換する. $t : 0 \to x$ のとき $u : 0 \to 1$ であり $dt = x\, du$

$$\int_0^x (x-t)^{m-1} f(t)\, dt = \int_0^1 (x-xu)^{m-1} f(xu) x\, dt$$
$$= \int_0^1 (x-xu)^{m-1} (a_n x^n u^n + \cdots) x\, du$$
$$= a_n x^{m+n} \int_0^1 (1-u)^{m-1} u^n\, du + \cdots \quad \cdots\cdots ②$$

$\int_0^1 (1-u)^{m-1} u^n\, du > 0$ であるから ② は x の $m+n$ 次式である. $\{f(x)\}^n = (ax^n + \cdots)^m$ の次数は nm である. $m + n = nm$ であり $(m-1)(n-1) = 1$ となる. $m-1, n-1$ は 0 以上の整数だから $m-1 = 1$, $n-1 = 1$ となり, $m = 2, n = 2$ である. $f(x)$ は 2 次関数である. $\int_0^x (x-t) f(t)\, dt = \{f(x)\}^2 \cdots\cdots③$

に $x = 0$ を代入すると $f(0) = 0$ を得るから $f(x)$ の定数項は 0 である. よって, $f(x) = ax^2 + bx$ とおける.

③ の左辺は $\int_0^x (x-t)(at^2+bt)\,dt$

$= \int_0^x \{-at^3 + (ax-b)t^2 + bxt\}\,dt$

$= \left[-\dfrac{a}{4}t^4 + \dfrac{ax-b}{3}t^3 + \dfrac{bx}{2}t^2 \right]_0^x$

$= -\dfrac{a}{4}x^4 + \dfrac{ax^4-bx^3}{3} + \dfrac{bx^3}{2} = \dfrac{a}{12}x^4 + \dfrac{b}{6}x^3$

③ の右辺は $(ax^2+bx)^2 = a^2x^4 + 2abx^3 + b^2x^2$

係数を比較して $\dfrac{a}{12} = a^2,\ \dfrac{b}{6} = 2ab,\ 0 = b^2$

$a \neq 0$ より,$a = \dfrac{1}{12},\ b = 0$ となり,$f(x) = \dfrac{\boldsymbol{x^2}}{\boldsymbol{12}}$

注意 大学の範囲の偏微分を用いる.一般に

$$\dfrac{d}{dx}\int_0^x g(t,x)\,dt = g(x,x) + \int_0^x \dfrac{\partial}{\partial x}g(t,x)\,dt$$

ただし $\dfrac{\partial}{\partial x}g(t,x)$ は大学の記号で,x だけが変数だとして微分する記号である.さらに微分した結果が連続でないといけないが,今は多項式だから問題ない.

① の左辺を 1 回微分すると

$(x-x)^{m-1}f(x) + \int_0^x \dfrac{\partial}{\partial x}\{(x-t)^{m-1}\}f(t)\,dt$

$= (m-1)\int_0^x (x-t)^{m-2}f(t)\,dt$

になるから m 回微分すると $(m-1)!f(x)$ になる.① の右辺の m 回微分は $mn-m$ 次であり,$n = mn-m$ となる.

═══ 《積分方向の選択》 ═══

88. 座標平面において,直線 l を曲線
$C_1: y = \log x$ と曲線 $C_2: y = \dfrac{1}{3}\log x$ の共通の接線とする.このとき,下の問いに答えよ.
(1) 直線 l を表す方程式を求めよ.
(2) 直線 l,曲線 C_1 および曲線 C_2 で囲まれた部分の面積を求めよ. (24 東京学芸大・前期)

$\log x$ を x で積分すると部分積分になる.一方,$x = e^y$ を y 軸方向に積分すると単に e^y である.だから,$y = \log x$ を x 軸方向に積分するより,$x = e^y$ を y 軸方向に積分する方が簡単である.接線も同じである.$x = e^y$ を y で微分すると $x' = e^y$(ダッシュはいつもと違って y による微分を表す)で,e^y, e^y で同じになる.$y = f(x)$ の $x = t$ における接線は
$y = f'(t)(x - t) + f(t)$ である.$x = g(y)$ の $y = s$ における接線は $x = g'(s)(y - s) + g(s)$ になる.頭の中で,いつもの x と y の役割を変えるだけである.

だから**別解をおすすめする**.

▶**解答**◀ (1) $y = \log x$ のとき $y' = \dfrac{1}{x}$ である.$x = t$ における接線は
$$y = \dfrac{1}{t}(x - t) + \log t$$
$$y = \dfrac{1}{t}x - 1 + \log t \quad \cdots\cdots\cdots① $$
$y = \dfrac{1}{3}\log x$ のとき $y' = \dfrac{1}{3x}$ である.$x = s$ における接線は
$$y = \dfrac{1}{3s}(x - s) + \dfrac{1}{3}\log s$$

$$y = \frac{1}{3s}x - \frac{1}{3} + \frac{1}{3}\log s \quad \cdots\cdots\cdots ②$$

①,②が一致するとき

$$\frac{1}{t} = \frac{1}{3s} \quad \cdots\cdots\cdots ③$$

$$-1 + \log t = -\frac{1}{3} + \frac{1}{3}\log s \quad \cdots\cdots\cdots ④$$

③より $t = 3s$ で,④に代入し

$$-2 + 3\log 3s = \log s$$

$$-2 + 3(\log 3 + \log s) = \log s$$

$$\log s = 1 - \frac{3}{2}\log 3 = \log \frac{e}{3^{\frac{3}{2}}}$$

$s = \dfrac{e}{3\sqrt{3}}$ であり $t = 3s = \dfrac{e}{\sqrt{3}}$ である.①に代入して l は

$$y = \frac{\sqrt{3}}{e}x - 1 + \log \frac{e}{\sqrt{3}}$$

$$\boldsymbol{y = \frac{\sqrt{3}}{e}x - \frac{1}{2}\log 3}$$

図1で,接点の y 座標を

$a = \dfrac{1}{3} - \dfrac{1}{2}\log 3,\ b = 1 - \dfrac{1}{2}\log 3$ とする.

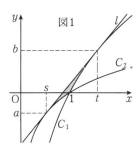

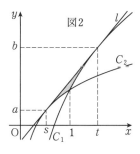

（2） 具体的な数値で面積計算をすると，計算ミスをしやすい．l を $y = mx+n$ とおく．図 2 のように，x 軸が下方にあれば，台形から曲線の下方を引くというイメージである．x 軸が領域内を通っても，結果に変わりはない．以下でそれを示す．求める面積を S とすると

$$S = \int_s^1 \left(mx+n - \frac{1}{3}\log x\right) dx$$
$$\quad + \int_1^t (mx+n - \log x) \, dx$$
$$= \int_s^t (mx+n) \, dx$$
$$\quad - \int_s^1 \frac{1}{3}\log x \, dx - \int_1^t \log x \, dx$$

第一項は $\left[\dfrac{mx^2}{2} + nx\right]_s^t = \dfrac{1}{2}(t-s)(m(s+t)+2n)$

$= \dfrac{1}{2}(t-s)\{(ms+n)+(mt+n)\}$

$= \dfrac{1}{2}(t-s)(a+b) = s\left(\dfrac{4}{3} - \log 3\right) = \dfrac{4s}{3} - sL$

ただし $L = \log 3$ とした．以下で $t = 3s$,
$\log 3s = L + \log s = L + 1 - \dfrac{3}{2}L = 1 - \dfrac{1}{2}L$ を用いる．

第二項と第三項について

$$\frac{1}{3}\Big[x\log x - x\Big]_s^1 + \Big[x\log x - x\Big]_1^t$$
$$= \frac{1}{3}(-s\log s - 1 + s) + (t\log t - t + 1)$$
$$= \frac{1}{3}(-s\log s - 1 + s) + (3s\log 3s - 3s + 1)$$
$$= -\frac{s}{3}\left(1 - \frac{3}{2}L\right) + \frac{2}{3} - \frac{8s}{3} + 3s\left(1 - \frac{1}{2}L\right)$$
$$= \frac{2}{3} - sL$$
$$S = \left(\frac{4s}{3} - sL\right) - \left(\frac{2}{3} - sL\right) = \frac{4e}{9\sqrt{3}} - \frac{2}{3}$$

♦別解♦ （1） $C_1 : x = e^y$, $C_2 : x = e^{3y}$

$x = e^{3y}$ を y で微分して $x' = 3e^{3y}$ となる．$y = a$ における接線は

$$x = 3e^{3a}(y - a) + e^{3a}$$
$$x = 3e^{3a}y + (1 - 3a)e^{3a} \quad \cdots\cdots\cdots ⑤$$

$x = e^y$ のとき $x' = e^y$

$y = b$ における接線は

$$x = e^b(y - b) + e^b$$
$$x = e^b y + (1 - b)e^b \quad \cdots\cdots\cdots ⑥$$

⑤，⑥の係数を比べ

$$e^b = 3e^{3a}, \ (1 - b)e^b = (1 - 3a)e^{3a}$$

$L = \log 3$ とおくと $e^b = 3e^{3a}$ より $b = L + 3a$ となる．これらを $(1 - b)e^b = (1 - 3a)e^{3a}$ に代入すると

$(1 - L - 3a)3e^{3a} = (1 - 3a)e^{3a}$

$3 - 3L - 9a = 1 - 3a$ となり，$a = \dfrac{1}{3} - \dfrac{1}{2}L$

$3a = \log \dfrac{e}{3\sqrt{3}}$ となり，$e^{3a} = \dfrac{e}{3\sqrt{3}}$

$b = L + 3a = 1 - \dfrac{1}{2}L$, $e^b = 3e^{3a} = \dfrac{e}{\sqrt{3}}$

共通接線は $\boldsymbol{x = \dfrac{e}{\sqrt{3}}\left(y + \dfrac{1}{2}\log 3\right)}$

（**2**） 図1を見よ．曲線と y 軸の間の部分から，l から左の台形を引くと考える．$b-a=\dfrac{2}{3}$ に注意せよ．

$$\begin{aligned}
S &= \int_a^0 e^{3y}\,dy + \int_0^b e^y\,dy - \frac{1}{2}(b-a)(e^{3a}+e^b) \\
&= \left[\frac{e^{3y}}{3}\right]_a^0 + \left[e^y\right]_0^b - \frac{1}{3}(e^{3a}+e^b) \\
&= \frac{1-e^{3a}}{3} + e^b - 1 - \frac{1}{3}(e^{3a}+e^b) \\
&= \frac{1-e^{3a}}{3} + 3e^{3a} - 1 - \frac{1}{3}(e^{3a}+3e^{3a}) \\
&= \frac{4}{3}e^{3a} - \frac{2}{3} = \boldsymbol{\frac{4e}{9\sqrt{3}} - \frac{2}{3}}
\end{aligned}$$

《この積分は難しい？》

89. 2つの曲線
$$C_1: y = xe^{-x}, \ C_2: y = xe^{-x}\sin x$$
がある．以下の問いに答えよ．

（1） 2つの不定積分 $\displaystyle\int e^{-x}\sin x\,dx$, $\displaystyle\int e^{-x}\cos x\,dx$ を求めよ．

（2） 不定積分 $\displaystyle\int xe^{-x}\sin x\,dx$ を求めよ．

（3） $0 \leqq x \leqq 3\pi$ において，C_1 と C_2 は3つの異なる共有点を持つ．この共有点のうち，C_1 と C_2 が接する点の座標を求めよ．

（4） $0 \leqq x \leqq 3\pi$ において，C_1, C_2 で囲まれた2つの部分の面積の和を求めよ．

(24 京都府立大・理工情報)

正直に部分積分を始めると，混乱する人が少なくない．私は「微分を用意する」を提唱している．

▶**解答**◀ 以下すべて積分定数を省略する．

（1） $(e^{-x}\sin x)' = -e^{-x}\sin x + e^{-x}\cos x$ ……①

$(e^{-x}\cos x)' = -e^{-x}\cos x - e^{-x}\sin x$ ……②

① + ② より $(e^{-x}\sin x + e^{-x}\cos x)' = -2e^{-x}\sin x$

$$\int e^{-x}\sin x\,dx = -\frac{1}{2}e^{-x}(\sin x + \cos x)$$

① − ② より $(e^{-x}\sin x - e^{-x}\cos x)' = 2e^{-x}\cos x$

$$\int e^{-x}\cos x\,dx = \frac{1}{2}e^{-x}(\sin x - \cos x)$$

（2） $\sin x = s, \cos x = c$ とする.
$$(xe^{-x}s)' = e^{-x}s - xe^{-x}s + xe^{-x}c \cdots\cdots\cdots ③$$
$$(xe^{-x}c)' = e^{-x}c - xe^{-x}c - xe^{-x}s \cdots\cdots\cdots ④$$
③＋④ より
$$\{xe^{-x}(s+c)\}' = e^{-x}s + e^{-x}c - 2xe^{-x}s$$
$$\{xe^{-x}(s+c)\}' = -(e^{-x}c)' - 2xe^{-x}s$$
$$2xe^{-x}s = -\{xe^{-x}(s+c)\}' - (e^{-x}c)'$$
$$\int xe^{-x}\sin x\, dx$$
$$= -\frac{1}{2}e^{-x}(x\sin x + x\cos x + \cos x)$$

（3） $xe^{-x} - xe^{-x}\sin x = xe^{-x}(1-\sin x) \cdots\cdots ⑤$

常に $1-\sin x \geqq 0$ である.

$x=0$ の近傍（近くのこと）で $1-\sin x > 0$ であり，$x=0$ の前後では ⑤ の符号は負から正に変わるから，上下が入れ替わり，$x=0$ では 2 曲線は接しない．もっとも，区間の端点は「接する」の対象ではない．

$0 < x \leqq 3\pi$ では $1-\sin x = 0$ となる点 $x = \dfrac{\pi}{2}, \dfrac{5\pi}{2}$ で共有点をもち，⑤ は常に 0 以上であるから C_1, C_2 の上下は入れ替わらず，2 曲線は接する．C_1 と C_2 が接する点の座標は $\left(\dfrac{\pi}{2}, \dfrac{\pi}{2}e^{-\frac{\pi}{2}}\right)$, $\left(\dfrac{5\pi}{2}, \dfrac{5\pi}{2}e^{-\frac{5\pi}{2}}\right)$ である．

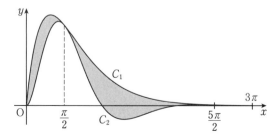

（4） C_1 は C_2 の上方にある．求める面積は

$$\int_0^{\frac{5\pi}{2}} (xe^{-x} - xe^{-x}\sin x)\, dx$$

$$= \Big[-(x+1)e^{-x} \Big]_0^{\frac{5\pi}{2}}$$

$$\qquad + \frac{1}{2}\Big[e^{-x}(x\sin x + x\cos x + \cos x) \Big]_0^{\frac{5\pi}{2}}$$

$$= -\Big(\frac{5\pi}{2}+1\Big)e^{-\frac{5\pi}{2}} + 1 + \frac{1}{2}\Big(e^{-\frac{5\pi}{2}}\cdot\frac{5\pi}{2} - 1\Big)$$

$$= \frac{1}{2} - \Big(1 + \frac{5\pi}{4}\Big)e^{-\frac{5\pi}{2}}$$

===《区間の反転で計算を軽減》===

90. 曲線 $y = \sqrt{x}\sin x$ と曲線 $y = \sqrt{x}\cos x$ を考える. $\dfrac{\pi}{4} \leqq x \leqq \dfrac{5}{4}\pi$ の区間でこれらの2つの曲線に囲まれる領域が x 軸のまわりに1回転してできる回転体の体積を求めよ.

（17　お茶の水女子大・化, 生, 情）

「ある意味の対称性」に着目して，区間を反転する．

▶解答◀　$y = \sqrt{x}\sin x$ と $y = \sqrt{x}\cos x$ ではグラフが描きにくい．さしあたり，関数値の正負と曲線の上下が知りたいだけだから，まず，$\sqrt{x}$ はなくても支障はない．2曲線 $y = \sin x$, $y = \cos x$, $\dfrac{\pi}{4} \leqq x \leqq \dfrac{5}{4}\pi$ を描く．手書きをするときは $0 \leqq x \leqq 2\pi$ で描く．

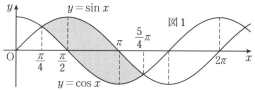

網目部分の $y \leqq 0$ の部分を x 軸に関して折り返す．

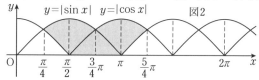

これを参考に $y = \sqrt{x}|\sin x|$ と $y = \sqrt{x}|\cos x|$ のグラフを描く．あるいは，図2を，$y = \sqrt{x}|\sin x|$ と $y = \sqrt{x}|\cos x|$ のグラフだと思って立式すればよい．

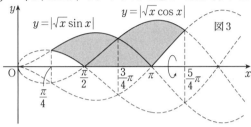

図3

求める体積を V とし
$$I_1 = \int_{\frac{\pi}{4}}^{\frac{3\pi}{4}} x \sin^2 x \, dx, \ I_2 = \int_{\frac{3\pi}{4}}^{\frac{5\pi}{4}} x \cos^2 x \, dx$$
$$I_3 = \int_{\frac{\pi}{4}}^{\frac{\pi}{2}} x \cos^2 x \, dx, \ I_4 = \int_{\pi}^{\frac{5\pi}{4}} x \sin^2 x \, dx$$

とおくと
$$V = \pi(I_1 + I_2 - I_3 - I_4)$$

である．I_2, I_4 で $x = \dfrac{3\pi}{2} - u$ とおく．

$$I_2 = \int_{\frac{3\pi}{4}}^{\frac{\pi}{4}} \left(\frac{3\pi}{2} - u\right) \cos^2\left(\frac{3\pi}{2} - u\right)(-du)$$
$$= \int_{\frac{\pi}{4}}^{\frac{3\pi}{4}} \left(\frac{3\pi}{2} - x\right) \sin^2 x \, dx$$
$$I_4 = \int_{\frac{\pi}{2}}^{\frac{\pi}{4}} \left(\frac{3\pi}{2} - u\right) \sin^2\left(\frac{3\pi}{2} - u\right)(-du)$$
$$= \int_{\frac{\pi}{4}}^{\frac{\pi}{2}} \left(\frac{3\pi}{2} - x\right) \cos^2 x \, dx$$

$$I_1 + I_2 = \int_{\frac{\pi}{4}}^{\frac{3\pi}{4}} \frac{3\pi}{2} \sin^2 x \, dx$$

$$= \frac{3\pi}{4} \int_{\frac{\pi}{4}}^{\frac{3\pi}{4}} (1 - \cos 2x) \, dx$$

$$= \frac{3\pi}{4} \left[x - \frac{1}{2} \sin 2x \right]_{\frac{\pi}{4}}^{\frac{3\pi}{4}}$$

$$= \frac{3\pi}{4} \left(\frac{\pi}{2} - \frac{1}{2} \sin \frac{3\pi}{2} + \frac{1}{2} \sin \frac{\pi}{2} \right)$$

$$= \frac{3\pi}{4} \left(\frac{\pi}{2} + 1 \right)$$

$$I_3 + I_4 = \int_{\frac{\pi}{4}}^{\frac{\pi}{2}} \frac{3\pi}{2} \cos^2 x \, dx$$

$$= \frac{3}{4} \pi \int_{\frac{\pi}{4}}^{\frac{\pi}{2}} (1 + \cos 2x) \, dx$$

$$= \frac{3\pi}{4} \left[x + \frac{1}{2} \sin 2x \right]_{\frac{\pi}{4}}^{\frac{\pi}{2}} = \frac{3\pi}{4} \left(\frac{\pi}{4} - \frac{1}{2} \right)$$

$$V = \pi \{(I_1 + I_2) - (I_3 + I_4)\}$$

$$= \pi \cdot \frac{3\pi}{4} \left(\frac{\pi}{4} + \frac{3}{2} \right) = \boldsymbol{\frac{3\pi^3}{16} + \frac{9\pi^2}{8}}$$

注意 1°【**素敵な置換**】区間の反転をしないと部分積分が必要だが,この方法では部分積分不要である.

2°【既出】1986 年東京医科歯科大の第 1 問と同じ問題である.

===== 《放物面と円柱》 =====

91. xy 平面上で放物線 $y = x^2$ と直線 $y = 2$ で囲まれた図形を，y 軸のまわりに 1 回転してできる回転体を L とおく．回転体 L に含まれる点のうち，xy 平面上の直線 $x = 1$ からの距離が 1 以下のもの全体がつくる立体を M とおく．

(1) t を $0 \leq t \leq 2$ を満たす実数とする．xy 平面上の点 $(0, t)$ を通り，y 軸に直交する平面による M の切り口の面積を $S(t)$ とする．$t = (2\cos\theta)^2 \left(\dfrac{\pi}{4} \leq \theta \leq \dfrac{\pi}{2} \right)$ のとき，$S(t)$ を θ を用いてあらわせ．

(2) M の体積 V を求めよ．

(17 阪大・理系)

▶解答◀ (1) $y = x^2$ で $y = t$ ($0 < t < 2$) とおく．今は端は除いておく．

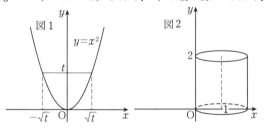

$x = \pm\sqrt{t}$ となり，線分 $-\sqrt{t} \leq x \leq \sqrt{t}$, $y = t$ を y 軸のまわりに回転すると円板 $x^2 + z^2 \leq t$, $y = t$ となる．この半径を r とすると $r = \sqrt{t}$ である．これが L を平面 $y = t$ で切った断面の円板である．また「xy 平面上の直線 $x = 1$ からの距離が 1 以下」にな

る立体は，直線 $x=1, y=0$ を中心軸とする円柱で，$(x-1)^2+z^2 \leq 1, 0 \leq y \leq 2$ である．

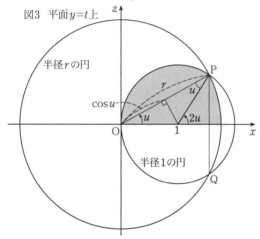

図3 平面 $y=t$ 上

M を平面 $y=t$ で切った断面は2つの円板の共通部分であり，2円周の交点を P, Q とする．断面積が求められるためには円弧の中心角が必要になる．図3のように角 u をとる（結果的には $u=\theta$ になる）．$0<u<\dfrac{\pi}{2}$ である．

図より $r=2\cos u$ であり，$r=\sqrt{t}$ である．

$$t=r^2=4\cos^2 u$$

となるから，$t=(2\cos\theta)^2$ と比べて $u=\theta$ となる．

図3の網目部分の面積は $\dfrac{S(t)}{2}$ で，半径 $r=2\cos\theta$，中心角 θ の扇形，半径 1，中心角 $\pi-2\theta$ の弓形の面積を合わせて

$$\frac{S(t)}{2}=\frac{1}{2}r^2\theta+\frac{1}{2}\cdot 1^2\{(\pi-2\theta)-\sin(\pi-2\theta)\}$$

$$S(t) = 2(1 + \cos 2\theta)\theta + \pi - 2\theta - \sin 2\theta$$
$$= \pi + 2\theta \cos 2\theta - \sin 2\theta$$

である. $t = 2 + 2\cos 2\theta$ だから

$$S(t)\frac{dt}{d\theta} = (\pi + 2\theta \cos 2\theta - \sin 2\theta)(-4\sin 2\theta)$$
$$= -4(\pi \sin 2\theta + 2\theta \cos 2\theta \sin 2\theta - \sin^2 2\theta)$$
$$= -4\left\{\pi \sin 2\theta + \theta \sin 4\theta - \frac{1}{2}(1 - \cos 4\theta)\right\}$$
$$= -4\pi \sin 2\theta - 4\theta \sin 4\theta + 2 - 2\cos 4\theta$$
$$V = \int_0^2 S(t)\, dt = \int_{\frac{\pi}{2}}^{\frac{\pi}{4}} S(t)\, \frac{dt}{d\theta}\, d\theta$$
$$= \left[2\theta + 2\pi \cos 2\theta + \theta \cos 4\theta - \frac{3}{4}\sin 4\theta \right]_{\frac{\pi}{2}}^{\frac{\pi}{4}}$$
$$= \frac{\pi}{2} - \frac{\pi}{4} - \left(\pi - 2\pi + \frac{\pi}{2}\right) = \boldsymbol{\frac{3}{4}\pi}$$

 $-\int 4\theta \sin 4\theta\, d\theta = \int \theta(\cos 4\theta)'\, d\theta$
$= \theta \cos 4\theta - \int (\theta)' \cos 4\theta\, d\theta$
$= \theta \cos 4\theta - \frac{1}{4}\sin 4\theta$

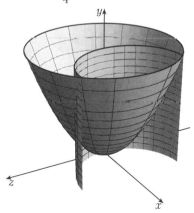

《3次曲面》

92. xyz 空間において, $x^2+y^2 \leq 1$ かつ $0 \leq z \leq 4x^3-3x+1$ を満たす領域を S とする. この領域 S のうち $\frac{1}{2} \leq x$ を満たす部分を T, $x \leq \frac{1}{2}$ を満たす部分を U とする. また, T の体積を V とする. 以下の設問に答えよ.

（1） $\cos 3\theta$ を $\cos\theta$ を用いて表せ.（答えだけで良い）

（2） V を求めよ.

（3） U の体積を V を用いて表せ.

（4） T を, z 軸の周りに反時計回りに $120°$ 回転させた立体のうち, S に含まれる部分の体積を V を用いて表せ. 　（25　関西医大・医・前期）

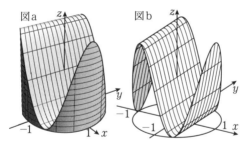

問題に一目惚れした！　美しい問題である．少し難しいがお許し願いたい．$x^2+y^2 \leq 1$ は円柱，立体の底面は原点を中心，半径 1 の円板である．
$0 \leq z \leq 4x^3-3x+1$ は曲面 $z=4x^3-3x+1$ と xy 平面の間の部分である．立体は図 a，この上面が図 b であ

る．$x^2 + y^2 \leqq 1$ かつ $0 \leqq z \leqq 4x^3 - 3x + 1$
で，x, y, z のうち一番多く登場する文字は x である．
立体の求積をする場合，一番多く登場する文字を固定するように切る．平面 $x = t$ で切り，微小な厚みは dt である．その後 $t = \cos\theta$ とおく．

▶**解答**◀ （1） $\cos 3\theta = \mathbf{4\cos^3\theta - 3\cos\theta}$

（2） 平面 $x = t\,(-1 < t < 1)$ で切る．
$t = \cos\theta\,(-\pi < \theta < \pi)$ とおくと，断面は図2の長方形 ABCD であり，y 軸に平行な辺の長さが $2\sin\theta$，z 軸に平行な辺の長さは $z = 4t^3 - 3t + 1 = \cos 3\theta + 1$
となる．断面積を F とすると $F = 2\sin\theta(\cos 3\theta + 1)$

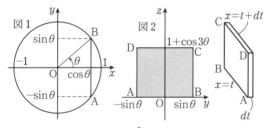

微小な厚みは $dt = \dfrac{dt}{d\theta}\,d\theta = (-\sin\theta)\,d\theta$ である．
微小体積

$$dV = F\,dt = 2\sin\theta(\cos 3\theta + 1)(-\sin\theta)\,d\theta$$

$t : \dfrac{1}{2} \to 1$ のとき $\theta : \dfrac{\pi}{3} \to 0$

$$\begin{aligned}V &= \int_{\frac{1}{2}}^{1} F\,dt = \int_{\frac{\pi}{3}}^{0} 2\sin\theta(\cos 3\theta + 1)(-\sin\theta)\,d\theta \\ &= \int_{0}^{\frac{\pi}{3}} 2(\cos 3\theta + 1)\sin^2\theta\,d\theta\end{aligned}$$

$$2(\cos 3\theta + 1)\sin^2\theta = (1+\cos 3\theta)(1-\cos 2\theta)$$
$$= 1 + \cos 3\theta - \cos 2\theta - \cos 3\theta \cos 2\theta$$
$$= 1 + \cos 3\theta - \cos 2\theta - \frac{1}{2}(\cos 5\theta + \cos\theta)$$
$$V = \left[\theta + \frac{\sin 3\theta}{3} - \frac{\sin 2\theta}{2} - \frac{\sin 5\theta}{10} - \frac{\sin\theta}{2}\right]_0^{\frac{\pi}{3}}$$
$$= \frac{\pi}{3} - \frac{\sqrt{3}}{4} + \frac{\sqrt{3}}{20} - \frac{\sqrt{3}}{4} = \boldsymbol{\frac{\pi}{3} - \frac{9\sqrt{3}}{20}}$$

(**3**) S の体積も S で，U の体積も U で表す．

$t : -1 \to 1$ のとき $\theta : \pi \to 0$ であるから
$$S = \left[\theta + \frac{\sin 3\theta}{3} - \frac{\sin 2\theta}{2} - \frac{\sin 5\theta}{10} - \frac{\sin\theta}{2}\right]_0^{\pi}$$
$$= \pi$$

$V + U = \pi$ であり，$\boldsymbol{U = \pi - V}$

(**4**) 下の t, θ は上のものとは無関係である．また「z 軸の周りに」は省略する．立体を平面 $z = t$ ($0 < t < 2$) で切る．$t \leqq 4x^3 - 3x + 1$ ……………① となる．$f(x) = 4x^3 - 3x + 1$ とおく．

$$f'(x) = 3(4x^2 - 1),\ f(-1) = 0,\ f(1) = 2,$$
$$f\left(-\frac{1}{2}\right) = 2,\ f\left(\frac{1}{2}\right) = 0$$

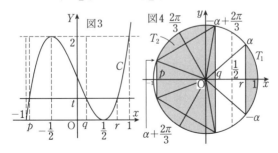

曲線 $C: Y = f(x)$ は図3のようになる．$0 < t < 2$ を満たす t に対して曲線 C と直線 $Y = t$ は異なる3交点を持つ．その x 座標を，小さい方から p, q, r とする．$-1 < p < -\frac{1}{2} < q < \frac{1}{2} < r < 1$ であり，①の解は $p \leqq x \leqq q, r \leqq x \leqq 1$ である．そして立体 S を切った断面は図4の網目部分である．$-1 \leqq x \leqq 1$ だから $x = \cos\theta \, (-\pi < \theta \leqq \pi)$ とおくと $t = 4x^3 - 3x + 1$ は $t = \cos 3\theta + 1$ となる．θ が解なら $\theta + \frac{2\pi}{3}$ も解である．$r = \cos\alpha, 0 < \alpha < \frac{\pi}{3}$ とおけて，

$$0 < \alpha < -\alpha + \frac{2\pi}{3} < \alpha + \frac{2\pi}{3} < \pi$$

であるから，$p = \cos\left(\alpha + \frac{2\pi}{3}\right), q = \cos\left(-\alpha + \frac{2\pi}{3}\right)$ であり，図4より，T の断面（図の T_1）を120°回転した部分が図の T_2 に重なり S に含まれる．求める体積は V である．なお，図4の円周にある α などはその点に対する偏角である．

=== 《不等式の作り方》 ===

93. 2つの定数 a, b があり,$x > -1$ を満たすすべての実数 x に対して $(x+1)^{-\frac{4}{5}} \geq ax+1$ および $(x+1)^{\frac{1}{5}} \leq bx+1$ が成り立つ.このとき,$a = \boxed{}$,$b = \boxed{}$ である.不等式 $\left(1+\dfrac{1}{4}\right)^{\frac{1}{5}} \leq 1+\dfrac{n}{1000}$ を成り立たせるような最小の自然数 n は $n = \boxed{}$ である.(24 東邦大・医)

どのように挟む不等式を作るか?

▶解答◀ $f(x) = (x+1)^{-\frac{4}{5}}$,$g(x) = (x+1)^{\frac{1}{5}}$ とおく.

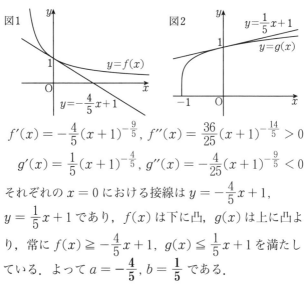

図1 図2

$f'(x) = -\dfrac{4}{5}(x+1)^{-\frac{9}{5}}$,$f''(x) = \dfrac{36}{25}(x+1)^{-\frac{14}{5}} > 0$

$g'(x) = \dfrac{1}{5}(x+1)^{-\frac{4}{5}}$,$g''(x) = -\dfrac{4}{25}(x+1)^{-\frac{9}{5}} < 0$

それぞれの $x=0$ における接線は $y = -\dfrac{4}{5}x+1$,$y = \dfrac{1}{5}x+1$ であり,$f(x)$ は下に凸,$g(x)$ は上に凸より,常に $f(x) \geq -\dfrac{4}{5}x+1$,$g(x) \leq \dfrac{1}{5}x+1$ を満たしている.よって $a = -\dfrac{4}{5}$,$b = \dfrac{1}{5}$ である.

$t \geqq 0, x > 0$ とする.
$(t+1)^{-\frac{4}{5}} \geqq -\frac{4}{5}t + 1, (t+1)^{\frac{1}{5}} \leqq \frac{1}{5}t + 1$
各辺を $0 \leqq t \leqq x$ で積分する.
$$\int_0^x (t+1)^{-\frac{4}{5}} dt > \int_0^x \left(1 - \frac{4}{5}t\right) dt$$
$$\int_0^x (t+1)^{\frac{1}{5}} dt < \int_0^x \left(1 + \frac{1}{5}t\right) dt$$
$$5(x+1)^{\frac{1}{5}} - 5 > x - \frac{2x^2}{5} \quad \cdots\cdots\cdots\cdots① $$
$$\frac{5}{6}(x+1)^{\frac{6}{5}} - \frac{5}{6} < x + \frac{x^2}{10} \quad \cdots\cdots\cdots\cdots② $$

① からは普通に $(x+1)^{\frac{1}{5}}$ について解いて,② からは $(x+1)^{\frac{6}{5}} = (x+1)^{\frac{1}{5}}(1+x)$ として $(x+1)^{\frac{1}{5}}$ について解くと

$$1 + \frac{1}{5}x - \frac{2}{25}x^2 < (x+1)^{\frac{1}{5}} < \frac{1 + \frac{6}{5}x + \frac{6x^2}{50}}{1+x}$$

$x = \frac{1}{4}$ とすると

$$\frac{209}{200} < \left(1 + \frac{1}{4}\right)^{\frac{1}{5}} < \frac{523}{500}$$
$$1 + \frac{45}{1000} < \left(1 + \frac{1}{4}\right)^{\frac{1}{5}} < 1 + \frac{46}{1000}$$

求める最小の $n = \mathbf{46}$

═══ **《不定積分出来ないが面積は出る》** ═══

94. 関数 $f(x) = (-4x^2+2)e^{-x^2}$ について, 次の問いに答えよ.

(1) $f(x)$ の極値を求めよ.

(2) a を $a \geq 0$ となる実数とし,
$$I(a) = \int_0^a e^{-x^2} dx$$
とする. このとき, 定積分 $\int_0^a x^2 e^{-x^2} dx$ を $a, I(a)$ を用いて表せ.

(3) $0 \leq x \leq 5$ において, 曲線 $y = f(x)$ と x 軸の間の部分の面積を求めよ.

(14 新潟大・理, 医, 歯, 工)

不定積分 $\int f(x)\,dx$ は出来ないが, 面積は求められる, 凄い問題である.

▶ 解答 ◀

(1) $f'(x) = -8xe^{-x^2} + (-4x^2+2)(-2x)e^{-x^2}$
$= 4x(2x^2-3)e^{-x^2}$

x	$\cdots$	$-\dfrac{\sqrt{6}}{2}$	$\cdots$	0	$\cdots$	$\dfrac{\sqrt{6}}{2}$	$\cdots$
$f'(x)$	$-$	0	$+$	0	$-$	0	$+$
$f(x)$	↘		↗		↘		↗

極大値 $f(0) = \mathbf{2}$, 極小値 $f\left(\pm\dfrac{\sqrt{6}}{2}\right) = \mathbf{-4}e^{-\frac{3}{2}}$ をとる.

(2) $\displaystyle\int_0^a x^2 e^{-x^2}\,dx = \int_0^a (e^{-x^2})'\left(-\frac{1}{2}x\right)dx$

$\displaystyle = \left[e^{-x^2}\left(-\frac{1}{2}x\right)\right]_0^a - \int_0^a e^{-x^2}\left(-\frac{1}{2}x\right)'dx$

$\displaystyle = -\frac{1}{2}ae^{-a^2} + \frac{1}{2}\int_0^a e^{-x^2}\,dx$

$\displaystyle = \boldsymbol{-\frac{1}{2}ae^{-a^2} + \frac{1}{2}I(a)}$

(3) $\displaystyle S(a) = \int_0^a f(x)\,dx$ とおく.

$\displaystyle S(a) = \int_0^a (2e^{-x^2} - 4x^2 e^{-x^2})\,dx$

$\displaystyle = 2\int_0^a e^{-x^2}\,dx - 4\int_0^a x^2 e^{-x^2}\,dx$

$\displaystyle = 2I(a) - 4\left\{\frac{1}{2}I(a) - \frac{1}{2}ae^{-a^2}\right\} = 2ae^{-a^2}$

図の S_1, S_2 に対し,

$\displaystyle S_1 = \int_0^{\frac{1}{\sqrt{2}}} f(x)dx = S\left(\frac{1}{\sqrt{2}}\right)$

$\displaystyle S_2 = -\int_{\frac{1}{\sqrt{2}}}^5 f(x)\,dx$

$\displaystyle -S_2 = \int_{\frac{1}{\sqrt{2}}}^5 f(x)\,dx$

$\displaystyle = \int_0^5 f(x)dx - \int_0^{\frac{1}{\sqrt{2}}} f(x)\,dx$

$\displaystyle = S(5) - S\left(\frac{1}{\sqrt{2}}\right)$

$\displaystyle S_2 = S\left(\frac{1}{\sqrt{2}}\right) - S(5)$

$$S_1 + S_2 = 2S\left(\frac{1}{\sqrt{2}}\right) - S(5)$$
$$= 2 \cdot 2 \cdot \frac{1}{\sqrt{2}} e^{-\frac{1}{2}} - 2 \cdot 5 \cdot e^{-25}$$
$$= 2\sqrt{2} e^{-\frac{1}{2}} - 10 e^{-25}$$

《東急電鉄の扇風機をモデルにした問題》

95. O を原点とする xyz 空間において，3 点 $A\left(1, \dfrac{2}{\sqrt{3}}, 0\right)$, $B\left(-1, \dfrac{2}{\sqrt{3}}, 0\right)$, $C(0, 0, 2)$ の定める平面 ABC 上に O から垂線 OH を下ろす．平面 ABC において，H を中心とする半径 1 の円板（内部も含む）D を考えるとき，次の問いに答えよ．

（1） 平面 $z = t$ が D と交わるような t の値の範囲を求めよ．

（2） D を z 軸のまわりに 1 回転させるとき，D が通過してできる立体 K の体積 V を求めよ．

(24 東京慈恵医大)

かつて大流行した空間の回転体の体積は，あるときを境に，パタッと出なくなった．流行の最後になった問題を旧版の 90 番に収録しておいた．そして，2023, 2024 年に復活し，2024 年は東大にも出題された．元祖は受験雑誌『大学への数学』1966 年 9 月号の学力コンテストである．本問はほぼ元祖に近い．

できあがる立体は次のようになる．円板 D の周は球面 $x^2 + y^2 + z^2 = 2$ 上にあるから，回転したとき，D の通過する部分は球 $x^2 + y^2 + z^2 \leq 2$ の一部をなす．また，円板 D と，yz 平面の交線は線分をなし，回転したとき，その通過する部分は円錐台の側面をなす．図 b を見よ．円錐台が見えるように，外の球は描かず，多くの円を描いた．図 c を見よ．これは外の球面を描いてある．

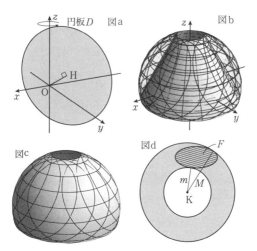

本問では，体積を求める上手い方法がある．しかし，定石は次のようにする．回転する前のもの（今は円板 D）を回転軸に垂直に切る．回転軸との交点を K とする．円板 D と断面との交線を F とする．今は F は線分である．K と F との最短距離を m，最長距離を M とする．F を回転したときにできる図形の面積を S とすると $S = \pi(M^2 - m^2)$ である．後はこれを積分する．

▶解答◀ （1）z 軸の正方向から三角形 ABC を見ると図1のようになる．実際の三角形 ABC と円 D は図2のようになる．

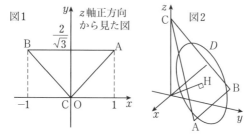

x 軸の正方向から見ると図 3 のようになる．平面 ABC は
$\dfrac{\sqrt{3}\,y}{2} + \dfrac{z}{2} = 1$,
すなわち，$z + \sqrt{3}\,y = 2$
である．H の座標 H は

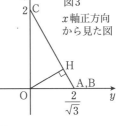

図3
x軸正方向から見た図

$H = t\begin{pmatrix}0\\\sqrt{3}\\1\end{pmatrix}$ とおけて $z+\sqrt{3}\,y=2$ に代入し $4t=2$ となる．$H = \dfrac{1}{2}\begin{pmatrix}0\\\sqrt{3}\\1\end{pmatrix}$

これより，D の方程式は球面
$$x^2 + \left(y - \dfrac{\sqrt{3}}{2}\right)^2 + \left(z - \dfrac{1}{2}\right)^2 = 1$$
と平面 $y = \dfrac{2-z}{\sqrt{3}}$ の交線となる．y を消去する．
$$x^2 + \dfrac{1}{3}\left(z - \dfrac{1}{2}\right)^2 + \left(z - \dfrac{1}{2}\right)^2 \leqq 1$$
$$x^2 + \dfrac{4}{3}\left(z - \dfrac{1}{2}\right)^2 \leqq 1 \quad \cdots\cdots\cdots\cdots\text{①}$$
$\dfrac{4}{3}\left(z-\dfrac{1}{2}\right)^2 \leqq 1$ より $\dfrac{1-\sqrt{3}}{2} \leqq z \leqq \dfrac{1+\sqrt{3}}{2}$

$$\boldsymbol{\dfrac{1-\sqrt{3}}{2} \leqq t \leqq \dfrac{1+\sqrt{3}}{2}}$$

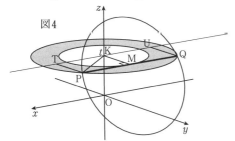

図4

（2） $u = \sqrt{1 - \frac{4}{3}\left(t - \frac{1}{2}\right)^2}$ とおく．$\mathrm{K}(0, 0, t)$,
$\mathrm{P}\left(u, \frac{2-t}{\sqrt{3}}, t\right)$, $\mathrm{Q}\left(-u, \frac{2-t}{\sqrt{3}}, t\right)$,
$\mathrm{M}\left(0, \frac{2-t}{\sqrt{3}}, t\right)$ とする．

$\alpha = \frac{1-\sqrt{3}}{2}, \beta = \frac{1+\sqrt{3}}{2}$ とおく．立体を切ったときの断面積 $S(t)$ は

$$S(t) = \pi(\mathrm{KP}^2 - \mathrm{KM}^2) = \pi \mathrm{MP}^2 = \pi u^2$$
$$= -\frac{4}{3}\pi(t-\alpha)(t-\beta)$$

求める体積は

$$V = \int_\alpha^\beta S(t)\,dt = \frac{4}{3}\pi \cdot \frac{1}{6}(\beta-\alpha)^3$$
$$= \frac{2}{9}\pi(\sqrt{3})^3 = \frac{2\sqrt{3}}{3}\pi$$

注 意 **1°【正射影して等積変形する】**

P, Q から xz 平面に下ろした垂線の足を T, U とする．
$S(t) = \pi \mathrm{PM}^2 = \pi \mathrm{TK}^2$
になる．このことは円板 D を xz 平面に正射影し

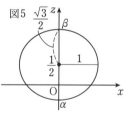
図5

て考えても体積は変わらないことを示している．正射影というのは垂直に影を落とすということである．D の正射影は ① の楕円となる．円板 D を yz 平面に正射影して得られる図形は楕円 ① で図4のようになる．これを z 軸のまわりに回転してできる立体 (楕円体)

の体積は $\frac{4}{3}\pi \cdot 1^3 \cdot \frac{\sqrt{3}}{2} = \frac{2}{3}\sqrt{3}\pi$（半径 1 の球を z 軸方向に $\frac{\sqrt{3}}{2}$ 倍に縮めると考える）

2°【出来上がる立体について】

D の周上の任意の点を X とする．OH $= 1$ であるから，OX^2 = OH^2 + HX^2 = 2 である．D の周は球面 $x^2 + y^2 + z^2 = 2$ 上にある．

yz 平面上の線分 $z + \sqrt{3}\,y = 2$（$\alpha \leq z \leq \beta$）と円 $y^2 + z^2 = 2$ で囲まれた部分（図 6 の網目部分）を z 軸のまわりに回転して出来る球と円錐台（図 7 のような立体）で囲まれた図形になる．

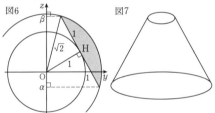

$$V = \pi \int_\alpha^\beta \left\{ (2-z^2) - \left(\frac{2-z}{\sqrt{3}} \right)^2 \right\} dz$$

《斜回転・軽い誘導つき》

96. 曲線 $y = -\frac{1}{2}x^2 - \frac{1}{2}x + 1$ $(0 \leqq x \leqq 1)$ を C とし，直線 $y = 1-x$ を l とする．
（1） C 上の点 (x, y) と l の距離を $f(x)$ とするとき，$f(x)$ の最大値を求めよ．
（2） C と l で囲まれた部分を l の周りに1回転してできる立体の体積を求めよ． (22 群馬大)

歴史を書く．xy 平面の領域を斜めの直線の周りに回転した立体の体積の問題は古く，初出は分からない．私の出身高校の教員の 1971 年当時の話として「以前名古屋大で出題されたが，それよりも古く，うちの実力テストに出題した」ということであった．入試としての初出が，その名古屋大なのかどうかも分からない．1970 年代に，後述の斜回転の公式が考案され，生徒の間に広がった．芳沢光雄先生の『出題者心理から見た入試 数学初めて明かされる作問の背景と意図』（ブルーバックス）に，その採点事情が書かれている．斜回転の公式をいきなり使う答案が続出したらしい．書籍に載っているならと，丸にしたとある．公式の威力が劇的でパタッと出題されなくなった．私達は書かなくなったが，某教科書傍用問題集が，細々と（斜回転の公式はない）載せていて，そのせいか，入試でも復活した（2015 年に復活らしい）．

▶**解答**◀ （1） 正しい図を描くと，潰れるから図1は少し誇張した．

C 上の点 P を $\left(p, -\frac{1}{2}p^2 - \frac{1}{2}p + 1\right)$ $(0 \leq p \leq 1)$ とする．点 P から直線 $l : x + y - 1 = 0$ に下ろした垂線の足を H とする．

$$f(p) = \text{PH} = \frac{\left|-\frac{1}{2}p^2 + \frac{1}{2}p\right|}{\sqrt{1^2 + 1^2}} = \frac{1}{2\sqrt{2}}|p(1-p)|$$
$$= \frac{\sqrt{2}}{4}(p - p^2) = \frac{\sqrt{2}}{4}\left(\frac{1}{4} - \left(p - \frac{1}{2}\right)^2\right)$$

$f(x)$ は $x = \frac{1}{2}$ で最大値 $\dfrac{\sqrt{2}}{16}$ をとる．

（2） C, l は $x = 0, 1$ で交わる．これは上の PH $= 0$ になる $p = 0, 1$ から分かる．有名な斜回転の公式（注を見よ）を用いる．求める体積を V とする．斜回転の公式は，通常は直線 $y = x\tan\theta$ の周りに回転するが，公式を理解していれば，回転軸が原点を通る必要はないことが分かる．$y_1 = 1 - \frac{1}{2}x - \frac{1}{2}x^2$, $y_2 = 1 - x$ とおく．

$$V = \pi \cos\frac{\pi}{4} \int_0^1 (y_1 - y_2)^2 \, dx$$
$$= \frac{\pi}{4\sqrt{2}} \int_0^1 (x - x^2)^2 \, dx$$
$$= \frac{\pi}{4\sqrt{2}} \int_0^1 (x^2 - 2x^3 + x^4) \, dx$$
$$= \frac{\pi}{4\sqrt{2}} \left[\frac{x^3}{3} - \frac{x^4}{2} + \frac{x^5}{5}\right]_0^1$$
$$= \frac{\sqrt{2}\pi}{8}\left(\frac{1}{3} - \frac{1}{2} + \frac{1}{5}\right) = \dfrac{\sqrt{2}}{240}\pi$$

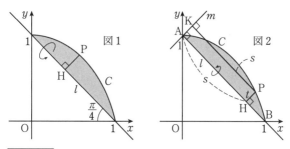

図1 図2

◆別解◆ （2） 上の図2はこの別解用である．

$m: x - y + 1 = 0$ にPから下ろした垂線の足をKとし，$PK = s$，$PH = t$ とする．

$$s = \frac{\left| p - 1 + \frac{1}{2}p + \frac{1}{2}p^2 + 1 \right|}{\sqrt{2}} = \frac{p^2 + 3p}{2\sqrt{2}}$$

$$t = \frac{\sqrt{2}}{4}(p - p^2)$$

求める体積をVとする．微小体積dVは

$$dV = \pi t^2 \, ds = \pi t^2 \, \frac{ds}{dp} \, dp$$

$$= \frac{\pi}{8}(p - p^2)^2 \cdot \frac{2p + 3}{2\sqrt{2}} \, dp$$

$$= \frac{\pi}{16\sqrt{2}}(p^2 - 2p^3 + p^4)(3 + 2p) \, dp$$

$$= \frac{\pi}{16\sqrt{2}}(3p^2 - 4p^3 - p^4 + 2p^5) \, dp$$

$$V = \frac{\pi}{16\sqrt{2}} \left[p^3 - p^4 - \frac{p^5}{5} + \frac{p^6}{3} \right]_0^1 = \boldsymbol{\frac{\sqrt{2}}{240}\pi}$$

注意 **1°【斜回転の体積の公式】**θ は鋭角, $m = \tan\theta$, $a > 0$ として, $0 < x < a$ で $f(x) \neq mx$ とする. 2直線 $x = 0$, $x = a$, $y = mx$ と $y = f(x)$ で囲まれた図形を直線 $y = mx$ のまわりに回転してできる立体の体積 V は

$$V = \pi\cos\theta \int_0^a \{f(x) - mx\}^2 dx$$

図a / 図b

2°【傘型分割による証明】 図bの網目部分 ($y = mx$ と $y = f(x)$ の間で x と $x+dx$ の間の部分) を回転した厚さ dx の傘型の部分を, PQ に沿って切り, 半径が $|f(x) - mx|$, 円弧の長さが
$2\pi\mathrm{PH} = 2\pi\mathrm{PQ}\cos\theta = 2\pi|f(x) - mx|\cos\theta$
の扇形, 厚さが dx の立体で近似し, その微小体積が

$$dV = \frac{1}{2}\{2\pi|f(x) - mx|\cos\theta\}|f(x) - mx|dx$$
$$= \pi\cos\theta\{f(x) - mx\}^2 dx$$

《双曲線の頻出問題》

97. 座標平面上に円 $C: x^2 + y^2 = 4$ と点 P(6, 0) がある．円 C 上を点 A$(2a, 2b)$ が動くとき，線分 AP の中点を M とし，線分 AP の垂直二等分線を l とする．

（1） 点 M の軌跡の方程式を求め，その軌跡を図示せよ．

（2） 直線 l の方程式を a, b を用いて表せ．

（3） 直線 l が通過する領域を表す不等式を求め，その領域を図示せよ． (22 上智大・理工)

▶**解答**◀ （1） M の座標は $(3 + a, b)$ である．$(2a)^2 + (2b)^2 = 4$ より

$$a^2 + b^2 = 1 \quad \cdots\cdots\text{①}$$

であるから，$x = 3+a, y = b$，つまり $a = x-3, b = y$ としてこれに代入すると，

$$(x-3)^2 + y^2 = 1$$

となる．したがって，M の軌跡は図1の小円である．

（2） 直線 l 上の点を Q(x, y) とおくと，PQ = AQ であるから，

$$(x-6)^2 + y^2 = (x-2a)^2 + (y-2b)^2$$

$$x^2 - 12x + 36 + y^2 = x^2 - 4ax + 4a^2 + y^2 - 4by + 4b^2$$

$$(12 - 4a)x - 4by + 4a^2 + 4b^2 - 36 = 0$$

$$(3 - a)x - by + a^2 + b^2 - 9 = 0$$

① より

$$(3-a)x - by - 8 = 0 \quad \cdots\cdots\text{②}$$

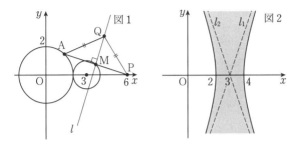

（3） ①, ②を同時に満たす実数 (a, b) が存在する条件を考える．②は

$$xa + yb + 8 - 3x = 0 \quad \cdots\cdots\cdots ③$$

である．$x = y = 0$ のとき $8 = 0$ となり，この式は成り立たないから，$x \neq 0$ または $y \neq 0$ である．求める条件は，ab 平面でこの直線が①と交点をもつときである．すなわち，③と原点との距離が 1 以下のときであるから

$\dfrac{|8 - 3x|}{\sqrt{x^2 + y^2}} \leq 1$ となり，$(8 - 3x)^2 \leq x^2 + y^2$

$$8x^2 - 48x + 64 - y^2 \leq 0$$

$$(x - 3)^2 - \dfrac{y^2}{8} \leq 1$$

図示すると，図 2 の境界を含む網目部分である．漸近線は $l_1 : y = 2\sqrt{2}(x - 3)$, $l_2 : y = -2\sqrt{2}(x - 3)$ である．

【図形的な考察】

直線 l 上の任意の点 Q に対し，一般に，
$$OA + AQ \geq OQ \quad \cdots\cdots\cdots\cdots④$$
$$OA + OQ \geq AQ \quad \cdots\cdots\cdots\cdots⑤$$
が成り立ち，$-OA \leq OQ - AQ \leq OA$ となる．
$|OQ - AQ| \leq OA$ となる．$AQ = QP$，$OA = 2$ であるから $|OQ - QP| \leq 2$ である．l 上の任意の点 Q は，2点 O，P を焦点とし，頂点間の距離が2である双曲線（それを D とする）の2本の枝の間にある．

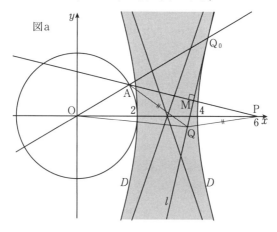

図a

④の等号はO，A，Qの順で一直線上にあるとき（図aのQ_0で示した）に成り立ち，⑤の等号はA，O，Qの順で一直線上にあるとき（図bのQ_0で示した）に成り立つ．lはQ_0における接線である．接点を動かしていけばDの2本の枝の間をすべて通過する．

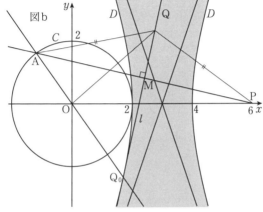

式の解答を見て「原稿としてはこれでいいけれど，解説としては，物足りない．どうなっているんだ？という図解をしないといけない．三角不等式を使って図形的な解説を書いて」と，スタッフの小田敏弘先生に伝えて，書いてもらったのが，この図形的解説である．紀元前の，アルキメデスや，アポロニウスの時代には，座標はない．2000年前の時を翔けのぼれば，こんな解答に出会えたはずである．

=== **《tan の加法定理の注意》** ===

98. 四角形 ABCD について次の問いに答えよ．
(1) $\tan A + \tan B = 0$ であるとき，この四角形は AD // BC の台形であることを示せ．
(2) $\tan A + \tan B + \tan C + \tan D = 0$ であるとき，この四角形はどんな形の四角形か．

(24 愛知医大・医・推薦)

tan の加法定理を使うときには注意が必要である．

▶**解答**◀ (1) $\tan A = -\tan B$ より
$$\tan A = \tan(\pi - B)$$
$0 < A < \pi, 0 < \pi - B < \pi$ より $A = \pi - B$ である．

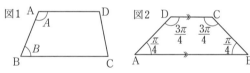

$A + B = \pi$ であるから BC // AD の台形である．
(2) tan の加法定理を使う場合，多くの人が
$$\tan(A+B+C) = \frac{\tan(A+B) + \tan C}{1 - \tan(A+B)\tan C}$$
$$= \frac{\dfrac{\tan A + \tan B}{1 - \tan A \tan B} + \tan C}{1 - \dfrac{\tan A + \tan B}{1 - \tan A \tan B} \cdot \tan C}$$
$\tan(A+B+C)$
$= \dfrac{\tan A + \tan B + \tan C - \tan A \tan B \tan C}{1 - \tan A \tan B - \tan A \tan C - \tan B \tan C}$ ……①

と展開する．図 2 の場合 $A + B = \dfrac{\pi}{2}$ で $\tan(A+B)$

は存在しないが，困らないか？ $A+B=\dfrac{3\pi}{2}$ も起こりうる．$\tan A, \tan B, \tan C, \tan D$ が定義できるから A, B, C, D は $\dfrac{\pi}{2}$ ではない．このとき A, B, C, D の最大角は鈍角である．$D > \dfrac{\pi}{2}$ としても一般性を失わない．$A+B+C < \dfrac{3}{2}\pi$ である．次に，A, B, C のうちのどの 2 つも和が $\dfrac{\pi}{2}$ であると仮定する．$A+B=\dfrac{\pi}{2}$, $B+C=\dfrac{\pi}{2}, C+A=\dfrac{\pi}{2}$ となり，容易に $A=B=C=\dfrac{\pi}{4}$ を得る．このとき $A+B+C=\dfrac{3}{4}\pi$ となり $D=\dfrac{5}{4}\pi$ となって $D<\pi$ に反する．ゆえに A, B, C の中には 2 つの和が $\dfrac{\pi}{2}$ にならないものがある．その場合，$A+B \neq \dfrac{\pi}{2}$ のときに計算すると上の結果を得るが，他の場合でも同様である．
$\tan A = \alpha, \tan B = \beta, \tan C = \gamma$ とする．

$$D = 2\pi - (A+B+C)$$
$$\tan D = \tan(2\pi - (A+B+C))$$
$$\tan D = -\tan(A+B+C)$$
$$-\delta = \dfrac{\alpha+\beta+\gamma-\alpha\beta\gamma}{1-\alpha\beta-\beta\gamma-\gamma\alpha}$$

与えられた条件より $-\delta = \alpha+\beta+\gamma$ となりこれらより

$$\alpha+\beta+\gamma = \dfrac{\alpha+\beta+\gamma-\alpha\beta\gamma}{1-\alpha\beta-\beta\gamma-\gamma\alpha}$$
$$\alpha+\beta+\gamma - (\alpha+\beta+\gamma)(\alpha\beta+\beta\gamma+\gamma\alpha)$$
$$= \alpha+\beta+\gamma - \alpha\beta\gamma$$
$$(\alpha+\beta+\gamma)(\alpha\beta+\beta\gamma+\gamma\alpha) = \alpha\beta\gamma$$
$$(\alpha+\beta)\gamma^2 + (\alpha+\beta)^2\gamma + (\alpha+\beta)\alpha\beta = 0$$

$(\alpha+\beta)(\beta+\gamma)(\gamma+\alpha)=0$

$\alpha+\beta=0$ または $\beta+\gamma=0$ または $\gamma+\alpha=0$
両側の2つのときは台形になり，$\gamma+\alpha=0$のときは $A+C=\pi$ で四角形は円に内接する．

内角が$90°$でない台形，または円に内接する四角形．

♦別解♦ （2） $\cos(A+B+C)+i\sin(A+B+C)$
$=(\cos A+i\sin A)(\cos B+i\sin B)(\cos C+i\sin C)$
$=\cos A\cos B\cos C(1+i\alpha)(1+i\beta)(1+i\gamma)$
$\cos A\cos B\cos C$ 以外の部分を展開すると
$1-\alpha\beta-\beta\gamma-\gamma\alpha+i(\alpha+\beta+\gamma-\alpha\beta\gamma)$
になるから，虚部を実部で割って（$\cos A\cos B\cos C$は実部にも虚部にも掛かるから割ると消える）
$$\tan(A+B+C)=\frac{\alpha+\beta+\gamma-\alpha\beta\gamma}{1-\alpha\beta-\beta\gamma-\gamma\alpha}$$

注意 **【途中式は間違いだが結果は正しい】**

$A+B=\dfrac{\pi}{2},\dfrac{3\pi}{2}$ のとき $\tan A\tan B=1$ となり，①は成立する．

―― 《解の配置》――

99. 方程式
$$\log_a(x-3) = \log_a(x+2) + \log_a(x-1) + 1$$
が解をもつとき，定数 a のとり得る値の範囲を求めよ． (23 信州大・医，工，医・保健，経法)

今は，$x > 3$ の解が少なくとも1つ存在する条件を求める問題になる．「解の配置」と言われる．昔からある定石は「判別式，軸，区間の端」を調べるが，文字 a が1次のときには，直線と放物線の交点にすると見やすくなる．

▶解答◀ 底の条件から $a > 0$, $a \neq 1$ ……………①
真数条件から $x - 3 > 0$, $x + 2 > 0$, $x - 1 > 0$ で $x > 3$

$$\log_a(x-3) = \log_a(x+2) + \log_a(x-1) + 1$$
$$\log_a(x-3) = \log_a a(x+2)(x-1)$$
$$x - 3 = a(x^2 + x - 2)$$

①より $a \neq 0$ であるから $\dfrac{1}{a}(x-3) = x^2 + x - 2$ となり，$\dfrac{1}{a} = b$ とおくと $x^2 + x - 2 = b(x-3)$ となる．
$x^2 + (1-b)x + 3b - 2 = 0$ で
$$x = \frac{b - 1 \pm \sqrt{b^2 - 14b + 9}}{2}$$
$b^2 - 14b + 9 = 0$ のとき $b = 7 \pm 2\sqrt{10}$
重解 $x = \dfrac{b-1}{2} = 3 \pm \sqrt{10} > 3$ になるとき $b = 7 + 2\sqrt{10}$ である．曲線 $C : y = x^2 + x - 2$ と直線 $y = b(x - 3)$ が $x > 3$ で共有点をもつ条件は $b \geq 7 + 2\sqrt{10}$

$\dfrac{1}{a} \geq 7 + 2\sqrt{10}$ を解いて $\boldsymbol{0 < a \leq \dfrac{7 - 2\sqrt{10}}{9}}$

これは $0 < a < 1$ となり，① をみたす．

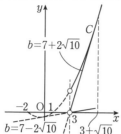

═══《任意と「存在」》═══

100. a, b は正の数, x, y は実数とし
$$(a+1)^{2x} + (a+1)^{2y} = b \cdots\cdots(*)$$
とする.

(1) $a = 1, b = 3, y = -x$ とする.
 $t = 4^x$ とおくと, (*) は t の式として $\boxed{} = 0$ と表され, これを満たす t の値は $t = \boxed{}$ である. このとき, $x = \boxed{}$ である.

(2) $y = -x + 1$ のとき, (*) を満たす x, y が存在するための a, b の条件は $b \geqq \boxed{}$ である.

(3) (*) を満たす x, y で, $0 \leqq x \leqq 1$ かつ $0 \leqq y \leqq 1$ であるようなものが存在するための a, b の条件は $\boxed{} \leqq b \leqq \boxed{}$ である.

(4) 条件「$0 \leqq x \leqq 1$ を満たす任意の x に対し, (*) と $0 \leqq y \leqq 1$ をともに満たすような y が存在する」が成り立つとき, a と b の間に成り立つ関係式は $b = \boxed{}$ である.

(24 獨協医大)

(4) 「任意」と「ある」はなじみがないから, 戸惑うだろう. コンパクトにするために表現を変更している.

▶**解答**◀ (1) $a = 1, b = 3, y = -x$ のとき $2^{2x} + 2^{-2x} = 3$ となる. $t + \dfrac{1}{t} = 3$ となり

$$t^2 - 3t + 1 = 0$$

$t = \dfrac{3 \pm \sqrt{5}}{2} > 0$ である.

$$x = \log_4 \dfrac{3 \pm \sqrt{5}}{2} = \log_4 \left(\dfrac{\sqrt{5} \pm 1}{2} \right)^2$$

$$= 2\log_4 \frac{\sqrt{5}\pm 1}{2} = \boldsymbol{\log_2 \frac{\sqrt{5}\pm 1}{2}}$$

(2) $(a+1)^{2x} + (a+1)^{2(-x+1)} = b$

$(a+1)^{2x} = X$ とおくと

$$X + \frac{(a+1)^2}{X} = b$$

$X^2 - bX + (a+1)^2 = 0$ となる．判別式を D として $D = b^2 - 4(a+1)^2 \geqq 0$ であり，$a>0, b>0$ より，このとき2解の和 $b>0$，2解の積 $(a+1)^2 > 0$ となり，2解とも正である．求める条件は $\boldsymbol{b \geqq 2a+2}$ である．

(3) $(a+1)^{2x} = X$, $(a+1)^{2y} = Y$, $c = (a+1)^2$ とおく．$0 \leqq x \leqq 1$, $0 \leqq y \leqq 1$ のとき $1 \leqq X \leqq c$, $1 \leqq Y \leqq c$ である．$2 \leqq X+Y \leqq 2c$ であるから $2 \leqq b \leqq 2c$ となり，$\boldsymbol{2 \leqq b \leqq 2a^2+4a+2}$

(4) $1 \leqq X \leqq c$ を満たす X を任意に1つとる．それに応じて $X+Y = b$ で Y が定まる．X をどこにとっても，この Y が $1 \leqq Y \leqq c$ にある条件は，直線 $X+Y=b$ が図の点 A, B を通ることである．$b = 1+c$ であり，$\boldsymbol{b = a^2+2a+2}$

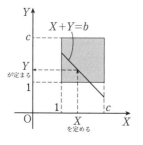
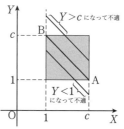

注意 【任意とは】

X, Y は $X+Y=b$ を満たす．X を $1 \leqq X \leqq c$ で任意に 1 つ取る．任意とは，$Y=b-X$ で定まる Y が $1 \leqq Y \leqq c$ に入るかどうかを考えないで，忖度を受けずに決める．X が何を選んでも $1 \leqq Y \leqq c$ に入るのは，$b=1+c$ のときに限る．

N.D.C.376.8　365p　18cm

ブルーバックス　B-2290

続・入試数学　伝説の良問100
良問と解法で高校数学の極意をつかむ

2025年3月20日　第1刷発行

著者	安田亨（やすだ とおる）
発行者	篠木和久
発行所	株式会社講談社
	〒112-8001　東京都文京区音羽2-12-21
電話	出版　03-5395-3524
	販売　03-5395-5817
	業務　03-5395-3615
印刷所	（本文印刷）株式会社KPSプロダクツ
	（カバー表紙印刷）信毎書籍印刷株式会社
製本所	株式会社国宝社

定価はカバーに表示してあります。
©安田亨　2025, Printed in Japan
落丁本・乱丁本は購入書店名を明記のうえ、小社業務宛にお送りください。
送料小社負担にてお取替えします。なお、この本についてのお問い合わせは、ブルーバックス宛にお願いいたします。
本書のコピー、スキャン、デジタル化等の無断複製は著作権法上での例外を除き禁じられています。本書を代行業者等の第三者に依頼してスキャンやデジタル化することはたとえ個人や家庭内の利用でも著作権法違反です。

ISBN978-4-06-538769-6

発刊のことば

科学をあなたのポケットに

二十世紀最大の特色は、それが科学時代であるということです。科学は日に日に進歩を続け、止まるところを知りません。ひと昔前の夢物語もどんどん現実化しており、今やわれわれの生活のすべてが、科学によってゆり動かされているといっても過言ではないでしょう。

そのような背景を考えれば、学者や学生はもちろん、産業人も、セールスマンも、ジャーナリストも、家庭の主婦も、みんなが科学を知らなければ、時代の流れに逆らうことになるでしょう。

ブルーバックス発刊の意義と必然性はそこにあります。このシリーズは、読む人に科学的に物を考える習慣と、科学的に物を見る目を養っていただくことを最大の目標にしています。そのためには、単に原理や法則の解説に終始するのではなくて、広い視野から問題を追究していきます。科学はむずかしいという先入観を改める表現と構成、それも類書にないブルーバックスの特色であると信じます。

一九六三年九月

野間省一